Strömungsmaschinen als Kraft- und Arbeitsmaschinen
Teil I: Hydraulische Maschinen

Ein Kompendium für Studium, Prüfungsvorbereitung und als Nachschlagewerk für alle Ingenieursberufe

Prof. Dr.-Ing. Jost Braun

Herstellung und Verlag:
BoD - Books on Demand, Norderstedt
ISBN 978-3-7357-1863-1

Inhalt

A Kreiselpumpen
1. Verhalten von Kreiselpumpen, Anlagen und Systemen
2. Anforderungen an Kreiselpumpen
3. Wichtige Bauteile von Kreiselpumpen und ihre Funktion
4. Drehimpulserhaltung
5. Bilanzen und Teilwirkungsgrade
6. Hydrodynamische Ähnlichkeit
7. Einführung in den Neuentwurf von Kreiselpumpen
8. Zusammenfassung: Auslegung des Laufrades
9. Leitvorrichtungen
10. Hydraulische Kräfte

B Wasserturbinen
11. Turbinenbauarten
12. Nutzbare Fallhöhe der Anlage
13. Bilanzen und Teilwirkungsgrade
14. Ähnlichkeitsgesetze bei Wasserturbinen
15. Strömungsmechanische Berechnung der Wasserturbinen
16. Besonderheiten bei Axialturbinen
17. Besonderheiten der Peltonturbine

Weiterführende Literatur

Urheberrecht und Copyrightvermerk

Dieses Werk ist primär als Skript für die Vorlesung Kraft- und Arbeitsmaschinen (Teil Hydraulische Maschinen) an der Hochschule Kempten erarbeitet worden. Es soll Studierenden des Maschinenbaus und verwandter Studiengänge die selbständige Erarbeitung des Stoffes erleichtern und ihnen ermöglichen, den Vorlesungsstoff nachzuarbeiten und sich auf die Prüfung vorzubereiten. Nachdem es sich auf die wesentlichen Zusammenhänge konzentriert, kann es aber auch für Studierende anderer Hochschulen und für Techniker, Ingenieure aller Fachrichtungen und Anwender im Beruf als schnelle Informationsquelle dienen.

Es ist in Papierform und in elektronischer Form erhältlich. Es wird auf das Urheberrecht hingewiesen, welches uneingeschränkt auch für dieses Dokument in beiden Versionen gültig ist. Sofern dies nicht durch das aktuelle Urheberrecht abgedeckt ist, ist es insbesondere nicht zulässig, Änderungen vorzunehmen, Kopien des Dokuments in jeder Form (insbesondere elektronischer) als Ganzes oder in Teilen an Dritte weiter zu geben und das Dokument als Ganzes oder in Teilen in anderen Dokumenten zu verwenden (dies gilt auch für Bilder und Diagramme).

Als Vorlesungsskript ersetzt es nicht den Besuch der Vorlesung, ebenso wenig wie es vollständiger Ersatz für weitergehende Fachliteratur sein kann und zwar aus zwei Gründen: Erstens ist es als Kompendium bewusst knapp gehalten, damit nicht nur Spezialisten angesprochen sind. Zweitens ist nicht in jedem Falle garantiert, dass der Text alles abdeckt, was in der Vorlesung, z.B. am Projektor, erarbeitet wird. Es stellt gewissermaßen für diese nur das Gerüst und dient der Nacharbeit und der Prüfungsvorbereitung.

Trotz großer Sorgfalt, alle Fehler zu eliminieren, wäre es vermessen anzunehmen, dass sich kein Fehler mehr versteckt hat. Im Zweifel wäre die Empfehlung, in der Literatur nachzuschlagen.

Hydraulische Maschinen

Einteilung der hydraulischen Maschinen

Hydraulische Maschinen lassen sich in folgendes Schema einordnen:

	Kreiselmaschinen	Verdrängungsmaschinen
Arbeitsmaschinen	Kreiselpumpen (auch: *Schiffspropeller*)	*Oszillierende und rotierende Pumpen*
Kraftmaschinen	Wasserturbinen (auch: *Windturbinen*)	*Hydromotoren und Hydrozylinder*
Kombinationen	Hydrodynamische Getriebe	*Hydrostatische Getriebe*

Anmerkung: Die kursiv geschriebenen Maschinentypen sind nicht Gegenstand dieser Betrachtungen.

A Kreiselpumpen

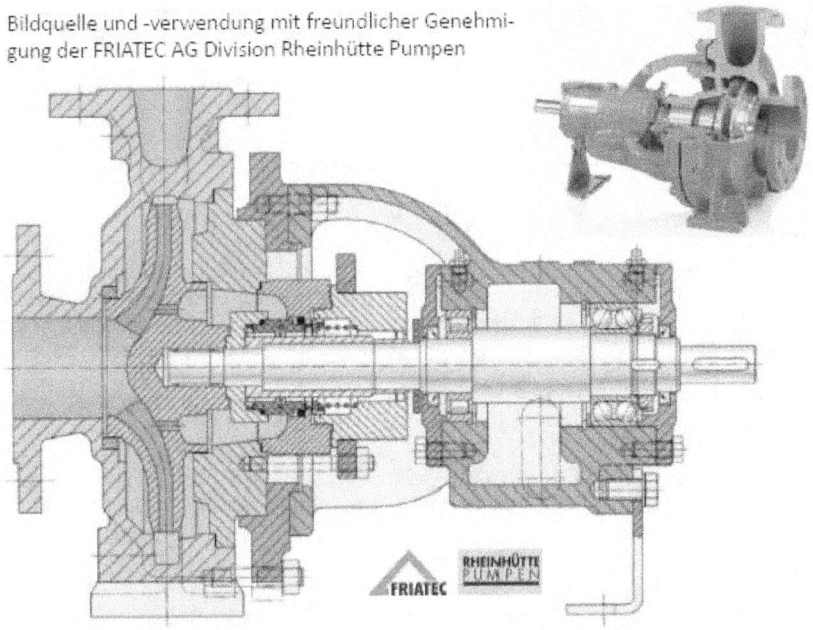

Bildquelle und -verwendung mit freundlicher Genehmigung der FRIATEC AG Division Rheinhütte Pumpen

1 Verhalten von Kreiselpumpen, Anlagen und Systemen

1.1 Systeme und Systemintegration

Unter dem gesamten (technischen) System versteht man in diesem Zusammenhang die Kreiselpumpe selbst plus die angeschlossene Anlage:

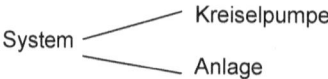

Es ist wichtig zu verstehen, dass beide nur im Zusammenspiel miteinander bestimmte (gewollte oder ungewollte) Eigenschaften besitzen. Das Verhalten des Systems lässt sich daher nie aus dem Verhalten der Kreiselpumpe alleine oder der Anlage alleine begreifen.

In der heutigen Technik hat sich daher auch der Begriff der **Systemintegration** durchgesetzt, der nichts weiter bedeutet als dass man die Eigenschaften eines Systems dadurch günstig beeinflusst und optimiert, indem man zueinander passende Einzelkomponenten auswählt. Dies bedeutet aber insbesondere nicht, dass man für jede Komponente „das Beste", was gerade auf dem Markt erhältlich ist, wählt und damit versucht, die Gesamtanlage zu optimieren, sondern dass erst die Gesamtkonfiguration über die optimalen Komponenteneigenschaften bestimmt.

Dies hört sich zwar einfach und selbstverständlich an, erweist sich aber in der Praxis als äußerst komplexer Vorgang und verlangt ein gehöriges Maß an Erfahrung, denn für die Wahl der optimalen Komponenten müssen die Wechselwirkungen durchdacht und verstanden sein.

Die einfache Gleichung

N optimale Komponenten = ein optimales System

ist also definitiv falsch und zwar sowohl technisch als auch wirtschaftlich!

Um die Wechselwirkungen verstehen zu können, muss man sich das Verhalten der einzelnen Komponenten, wie auch der Anlage mit ihren wechselseitigen Einflüssen zunächst klar machen. Für eine übersichtliche und eindeutige Darstellung eignen sich in technischen Anwendungen vor allem Diagramme, in denen die wesentlichen Betriebsgrößen in Abhängigkeit der variablen Größen dargestellt werden. Aus diesem Grunde starten wir die Betrachtungen mit **Kennliniendiagrammen**, die vor allem für die praktische Anwendung von Bedeutung sind.

Trotz des heute üblichen Einsatzes von Computern sind bei der Auswahl von Pumpen Erfahrung und Fachkenntnisse auch weiterhin notwendig. Optimierung auf Knopfdruck gibt es nicht.

1.2 Bilanzierung

Bilanziert werden die Erhaltungsgrößen, da von ihnen angenommen werden darf (bewiesen ist es nicht), dass sie weder spontan entstehen noch verschwinden

können. Für uns werden in der Anwendung insbesondere vier physikalische Erhaltungsgrößen wichtig:
- Energie
- Masse
- Impuls
- Drehimpuls

In der Regel wird bei einer Bilanz ein bestimmtes Gebiet (Volumen) gewählt, das nicht unbedingt klein sein muss, sondern sogar beliebig groß sein kann. Dieses Gebiet wird in der Thermodynamik „System" genannt (bitte nicht mit dem technischen System oben verwechseln!), seine Oberfläche heißt „Systemgrenze".

In diesem Zusammenhang werden wir daher (um Verwechselungen zu vermeiden) die Begriffe *„Kontrollvolumen"* **(KV)** und *„Grenze oder Oberfläche des KV"* verwenden.

Eine wesentliche und notwendige Eigenschaft des Kontrollvolumens ist dabei, dass es ein *geschlossenes Gebiet* beinhalten muss, d.h. es darf keine „Löcher" oder „Aussparungen" umfassen.

Unabhängig davon wie komplex die Oberfläche sein mag, lässt sich dies am einfachsten dadurch prüfen, dass man gedanklich einen Stift auf die Oberfläche des KV setzt und dann überlegt, ob man ohne den Stift dabei abzusetzen eine Linie zu jedem beliebigen anderen Oberflächenpunkt zeichnen kann. Gelingt dies, ist das eingeschlossene Gebiet definitiv mathematisch geschlossen, die Bilanzierung der Erhaltungsgrößen also erlaubt.

Für die Bilanzierung von Strömungsmaschinen bietet es sich häufig an, als KV das zwischen Eintritts- und Austrittsflansch eingeschlossene Flüssigkeitsvolumen zu verwenden. Obwohl die Form dieses KV sehr komplex sein kann, ist es doch ein geschlossenes Gebiet (überlegen Sie sich selbst, warum!) und die Bilanzierung vereinfacht viele Probleme. Genauso kann es aber nötig und hilfreich sein, nur einen Teil des in der Maschine eingeschlossenen Flüssigkeitsvolumens zu bilanzieren, z.B. nur den Teil, der sich gerade im Laufrad einer Kreiselpumpe befindet. Es ist immer eine Frage der Information, die man gewinnen will, wie man das KV und seine Oberfläche wählt. In der Regel gibt es „geschickte" und „ungeschickte" (aber nicht unbedingt falsche) Möglichkeiten für die Wahl des KV.

Die Wahl des KV bedeutet, dass man den Inhalt (das eingeschlossenen Volumen) als *„Black-Box"* betrachtet und somit darauf verzichten kann, sich ein detailliertes Bild über die inneren Vorgänge zu machen. Erhaltungsgrößen haben die angenehme Eigenschaft, dass diese internen Vorgänge *vollkommen unerheblich* für die Gesamtbilanz sind. Warum sollte man sich also die Mühe machen, sie zu berechnen?

Betrachten wir eine Kreiselpumpe als Black-Box zwischen Eintritts- und Austrittsflansch und bilanzieren Masse und Energie (Impuls bzw. Drehimpuls lernen wir später kennen).

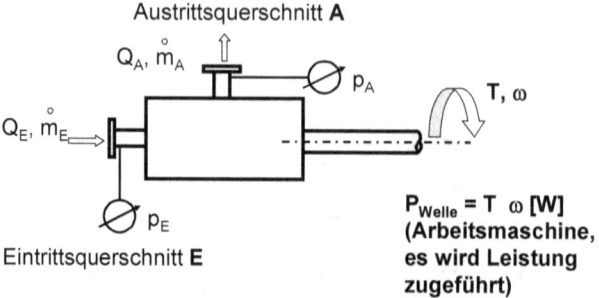

1.2.1 Kontinuitätsgleichung (Massenerhaltung)

$$\dot{m}_A = \dot{m}_E \quad (1.1)$$

Nachdem das Medium inkompressibel sein soll, gilt:

$$\rho_A = \rho_E = \rho \quad (1.2)$$
$$\dot{m} = \rho \dot{V} = \rho Q \quad (1.3)$$
$$Q_A = Q_E = Q \quad (1.4)$$

Für die hier betrachteten inkompressiblen Medien können wir daher die Massenerhaltung durch eine „Volumenstromerhaltung" ersetzen. Dies vereinfacht (im Vergleich zu kompressiblen Medien) die Berechnung erheblich, weil wir damit Geschwindigkeiten unmittelbar aus der Geometrie (Durchtrittsfläche) bestimmen können.

1.2.2 Energiesatz (für ein adiabates System)

Der Energiesatz für ein adiabates, hydrodynamisches System ist die Bernoullische Gleichung. Er gilt in der hier verwendeten Form für eine Stromröhre. Zweckmäßigerweise verwendet man als KV eine Stromröhre, die das Fluid zwischen Ein- und Austritt einschließt.

$$\frac{P_{Welle}}{\dot{m}} = \frac{\omega T}{\rho Q} = \int_E^A \frac{dp}{\rho} + \frac{c_A^2}{2} - \frac{c_E^2}{2} + g(z_A - z_E) + Y_V \quad (1.5)$$

$$\frac{P_{Welle}}{\dot{m}} = \frac{\omega T}{\rho Q} = \underbrace{\frac{1}{\rho} \underset{E \to A}{\Delta} p + \frac{1}{2} \underset{E \to A}{\Delta} (c^2) + g \underset{E \to A}{\Delta} z}_{Y} + Y_V \quad \left[\frac{m^2}{s^2}\right] \quad (1.6)$$

wobei Y die nutzbare *spezifische Förderleistung* genannt wird und Y_V die Verluste zwischen Ein- und Austritt sind.

Dividiert man Y noch durch die Norm-Erdbeschleunigung g_n, erhält man die Förderhöhe H:

$$H = \frac{Y}{g_n} \quad [m] \quad (1.7)$$

wobei g_n = 9,81 m/s²

In einer realen Pumpenauslegung für eine Anlage, die an einer bestimmten Stelle stehen soll, muss man die lokale Höhe der Erdbeschleunigung g grundsätzlich mit berücksichtigen, da sie zum Teil nicht unerheblich vom Normwert abweicht. Abweichungen werden dabei insbesondere durch Dichteanomalien der Erdkruste und die Wirkung der überlagerten Fliehkraft der Erddrehung (am Äquator maximal, am Pol Null) verursacht.

Innerhalb unserer Betrachtungen werden wir aber häufig dieses Detail vernachlässigen und vereinfachend $g = g_n$ setzen.

1.3 Pumpenkennlinien

Es gibt insgesamt 4 Kennlinien, die das Verhalten einer Pumpe für den Anwender in ausreichender Genauigkeit beschreiben. Alle werden über dem Durchsatz (Volumenstrom Q) aufgetragen:
- die spezifische Förderleistung- oder Förderhöhenkennlinie
- die Leistungskennlinie
- die Wirkungsgradkennlinie
- die NPSH-Kennlinie (die wir erst später kennen lernen werden)

Wir sehen uns zunächst die Verläufe an und kommen später noch einmal darauf zurück, um die Gründe für diese Verläufe auch durch die physikalischen Zusammenhänge erklären zu können.

1.3.1 Spezifische Förderleistung

Die spezifische Förderleistung Y einer Kreiselpumpe wird bei konstanter Wellendrehzahl über dem Volumenstrom Q aufgetragen und man erhält die erste wichtige Kennlinie einer Kreiselpumpe mit etwa folgendem Verlauf:

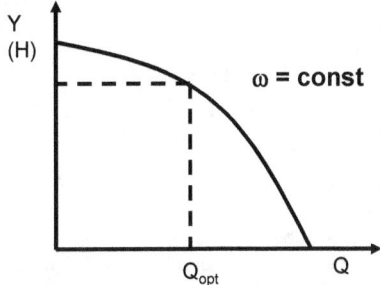

Bei einem Volumenstrom von Null ist in der Regel die spezifische Förderleistung am höchsten. Wenn man nach einer Pumpe ein Absperrorgan vollständig schließt, wird auch die Druckdifferenz zwischen Ein- und Austrittsflansch der Pumpe maximal, obwohl kein Fluid mehr gefördert wird. Diesen Betriebszustand darf man allerdings nicht allzu lange fahren, denn die gesamte Antriebsleistung der Pumpe führt zu einer raschen Erwärmung des in der Pumpe eingeschlossenen Fluides.

Der maximale Volumenstrom wird erreicht, wenn die verbleibende nutzbare spezifische Förderhöhe Y gerade Null wird. Man kann eine Pumpe aber auch über diesem maximalen Volumenstrom betreiben, allerdings baut die Pumpe dann keinen Druck mehr auf, sondern sie baut Druck ab. Das bedeutet, dass das Laufrad der Pumpe dem Fluid Energie entzieht und (strömungsmechanisch) als Turbine arbeitet, obwohl es immer noch hauptsächlich vom Motor angetrieben wird. In diesem Betriebsmodus würde die Pumpe also die gesamte Antriebsleistung plus die dem Fluid zusätzlich entzogene Leistung vollständig in Reibungsenergie innerhalb des Pumpengehäuses umwandeln. Am Austrittsflansch kommt dann ein erwärmtes Fluid mit geringerem Druckniveau heraus. Das könnte man auch einfacher erreichen...

Wie wir später sehen werden, bleibt bei konstantem Volumenstrom Q die nutzbare spezifische Förderleistung Y einer Kreiselpumpe gleich groß. Aus Gl. 1.6 kann man erkennen, dass für verschiedene Medien mit jeweils konstanter Dichte (bei unveränderter Pumpe, Pumpendrehzahl und Geometrie des Ein- und Austrittsflansches) die erreichte Druckdifferenz auch proportional zur Dichte des Fluides ist:

$$\Delta p \cong \rho \quad (1.8)$$

Je höher die Dichte des Fluides, desto höher auch die erreichte Druckdifferenz.

1.3.2 Antriebsleistung der Pumpenwelle

Ebenso kann man die notwendige Wellenleistung einer Kreiselpumpe über dem Volumenstrom Q auftragen, so dass man die zweite wichtige Kennlinien erhält (auch diese gilt nur bei einer festen Drehzahl).

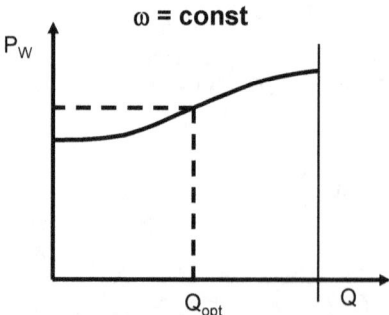

Die maximale Antriebsleistung wird in der Regel beim maximalen Volumenstrom benötigt, obwohl hier die nutzbare spezifische Förderleistung bereits Null ist. Diese Antriebsleistung wird sich daher vollständig in einer Erwärmung des Fluides äußern, wobei aber immerhin der hohe Volumenstrom (hohe Geschwindigkeiten) erhalten bleibt. Betreibt man die Pumpe wie oben beschrieben über diesen Punkt hinaus, fällt die notwendige Antriebsleistung zwar wieder leicht ab, es ist aber weiterhin ein Antrieb notwendig, um den Durchsatz trotz der dem Fluid entzogenen Zusatzenergie aufrecht erhalten zu können.

1.3.3 Wirkungsgrad

Als Wirkungsgrad wird im Allgemeinen das Verhältnis eines Nutzens zu einem Aufwand bezeichnet, wenn diese beiden Größen die gleiche physikalische Einheit haben (z.B. Energie). Was genau man als Nutzen definiert und was als Aufwand, hängt aber vom betrachteten Fall ab.

Im Falle von Kreiselpumpen verwendet man zweckmäßigerweise als Nutzen die nutzbare Förderleistung, als Aufwand die notwendige mechanische Antriebsleistung der Welle. Mit dieser Definition des Wirkungsgrades

$$\eta = \frac{\rho Q Y}{P_W} \quad (1.9)$$

sieht der Verlauf der Wirkungsgradkennlinie dann wie folgt aus:

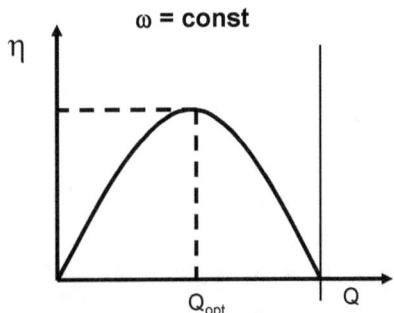

Der Wirkungsgrad wird Null, wenn entweder der geförderte Volumenstrom oder die nutzbare spezifische Förderleistung Null wird, da beide im Zähler stehen. Irgendwo zwischen diesen beiden Punkten erreicht der Wirkungsgrad seinen Maximalwert, der energetisch gesehen dem optimalen Betriebspunkt (Volumenstrom) entspricht.

Der Nennbetriebspunkt einer Pumpe sollte in unmittelbarer Nähe des optimalen Wirkungsgrades liegen, im Idealfall natürlich identisch sein.

Der Grund dafür, warum hier leichte Abweichungen möglich sind liegt in der vierten, wichtigen Kennlinie einer Kreiselpumpe, die nichts mit der energetischen Optimierung zu tun hat, sondern die Neigung der Pumpe zu (schädlicher) Kavitation beschreibt.

1.3.4 NPSH$_{erf}$-Wert (Kavitationskriterium)

Als Kavitation bezeichnet man die spontane Bildung von Dampfblasen in einem Fluid, weil lokal (an einer Stelle) der Dampfdruck der Flüssigkeit unterschritten wird. Sobald die Flüssigkeit, wie innerhalb einer Pumpe, wieder in ein Gebiet höheren Druckes kommt, kollabieren (implodieren) diese Blasen und die gesamte Verdampfungsenergie wird in Form eines Druckstoßes freigesetzt. Diese Implosion führt zu einer erheblichen Erosionswirkung auf benachbarte Wände. Auf Dauer wird das Laufrad durch kleine Ausbrüche beschädigt. Darüber hinaus werden bei einer erheblichen Blasenbildung durch Kavitation auch der Wirkungsgrad und die Förderhöhe absinken, so dass eine Unterschreitung des erforderlichen NPSH-Wertes zu vermeiden ist. Auch hier wird sich das Zusammenspiel von Anlage und Pumpe als entscheidend herausstellen.

Definition und Berechnung des NPSH-Wertes werden wir erst später behandeln, es wird hier zunächst der typische Verlauf dieser Kennlinie gezeigt. Je kleiner der erforderliche NPSH-Wert einer Pumpe ist, desto geringer ist ihre Neigung zur Kavitation.

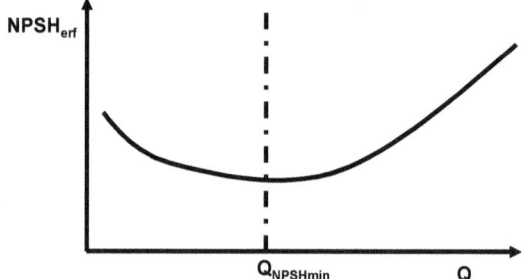

Bezüglich der Kavitationsneigung wäre der optimale Volumenstrom also bei minimaler Kavitationsneigung anzusetzen.

Leider liegen das Minimum der NPSH-Kurve und das Maximum der Wirkungsgradkurve in der Regel nicht beim selben Volumenstrom. Konstruktiv wird sich ein Hersteller diese Übereinstimmung zwar zum Ziel setzen, die Messung der Kennlinie wird aber hinterher kleine Differenzen zeigen. Daher wird der im Datenblatt der Pumpe angegachter Nennvolumenstrom ein Kompromiss zwischen diesen beiden Optimalpunkten sein. Je nach gedachter Hauptanwendung einer Pumpe wird der Nennvolumenstrom näher beim optimalen Wirkungsgrad (z.B. in energietechnischen Anlagen, Kraftwerken) oder näher bei minimaler Kavitationsneigung (z.B. bei gefordertem besonders geräuscharmen Betrieb und bei Laufrädern aus Kunststoff) liegen.

1.4 Verhalten der Anlage

1.4.1 Energiesatz für eine Anlage.

Den Energiesatz kann man natürlich auch auf eine gesamte Anlage anwenden. Als Beispiel nehmen wir eine offene Anlage, d.h. eine Pumpe, die ein Medium von einem tieferen Niveau auf ein höheres Niveau fördern soll.

Die folgende Skizze verdeutlicht die Gesamtanlage für diesen Fall.

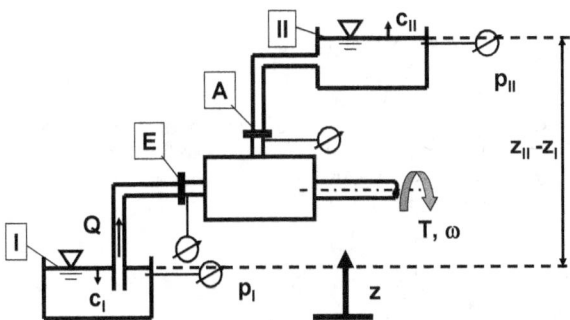

Setzt man den Energiesatz (1.6) nicht mehr zwischen Pumpenein- und austritt an, sondern zwischen den Punkten I und II, so ergibt sich:

$$\frac{P_{Welle}}{\dot{m}} = \frac{\omega T}{\rho Q} = \underbrace{\frac{1}{\rho} \underset{I \to II}{\Delta} p + \frac{1}{2} \underset{I \to II}{\Delta}(c^2) + g \underset{I \to II}{\Delta} z}_{\text{Änderung der Fluidenergie}} + Y_{V_{I \to II}} \qquad \left[\frac{m^2}{s^2}\right] \qquad (1.10)$$

Für die Pumpe (E/A) gilt aber weiterhin 1.6, d.h.

$$\frac{P_{Welle}}{\dot{m}} = \frac{\omega T}{\rho Q} = Y + Y_{V_{E \to A}} \qquad (1.11)$$

(1.10) und (1.11) zusammengenommen ergeben schließlich

$$Y = \frac{1}{\rho} \underset{I \to II}{\Delta} p + \frac{1}{2} \underset{I \to II}{\Delta}(c^2) + g \underset{I \to II}{\Delta} z + \underbrace{Y_{V_{I \to II}} - Y_{V_{E \to A}}}_{=Y_{V,Anlage}} \qquad (1.12)$$

Die Verluste der Anlage sind die Gesamtverluste abzüglich der (internen) Pumpenverluste, denn diese sind bereits in der nutzbaren Förderhöhe der Pumpe berücksichtigt (als Differenz zur Wellenleistung). Diese Gleichung lässt sich nach Division durch g_n ebenfalls in Form einer Förderhöhe formulieren:

$$H = \frac{1}{\rho g_n} \underset{I \to II}{\Delta} p + \frac{1}{2 g_n} \underset{I \to II}{\Delta}(c^2) + \frac{g}{g_n} \underset{I \to II}{\Delta} z + H_{V,Anlage} \qquad (1.13)$$

In dieser Gleichung erkennt man den Einfluss der lokalen Erdbeschleunigung am Aufstellort der Anlage. In den folgenden Gleichungen werden wir dies nicht mehr explizit hinschreiben und vereinfachend bei der Bildung der Förderhöhe $g = g_n$ setzen. (1.13) ist aber die korrekte Form, die immer dann anzuwenden ist, wenn g nicht annähernd 9,81 m/s² ist.

Geht man davon aus, dass die Norm-Erdbeschleunigung am Ort der Aufstellung der Anlage in guter Näherung gleich der lokalen Erdbeschleunigung ist, erhält man aus (1.13):

$$H = \frac{1}{\rho g} \Delta_{I \to II} p + \frac{1}{2g} \Delta_{I \to II} (c^2) + \Delta_{I \to II} z + H_{V,Anlage} \quad (1.14)$$

Eine Anlage setzt sich in der Regel aus Rohren, Armaturen und anderen Einbauten zusammen, die sich durch Rohrreibungszahlen und Verlustbeiwerte beschreiben lassen. Somit kann man den Anlagenverlust als Hintereinanderschaltung (Summe) aller Einzelverluste der Elemente berechnen:

$$H_{V,Anlage} = \sum_i \lambda_i \frac{L_i}{D_i} \frac{c_i^2}{2g} + \sum_j \varsigma_j \frac{c_j^2}{2g} \quad (1.15)$$

Die erste Summe steht dabei für alle geraden Rohrstücke der Anlage, die zweite Summe für alle Einbauteile, die über einen Verlustbeiwert beschrieben sind. Die Geschwindigkeiten lassen sich bei konstanter Dichte aus dem ebenfalls konstanten Volumenstrom Q ermitteln:

$$c_i = \frac{Q}{A_i} \quad (1.16)$$

Ein häufiger Sonderfall ist es, wenn die beiden Behälter I und II unserer offenen Anlage eine sehr große Oberfläche haben, so dass die Geschwindigkeit der Absenkung des einen Spiegels und der Anhebung des anderen klein sind. Die kinetischen Energien sind dann vernachlässigbar. Häufig herrscht an der Oberfläche dieser Flüssigkeiten auch noch der gleiche Druck, z.B. der Luftdruck bei zwei Speicherseen, wenn die Luftdruckänderung durch die unterschiedliche Höhenlage vernachlässigbar ist. Bei extremen Höhenunterschieden ist sie natürlich auch zu berücksichtigen.

Für

$$c_I \approx c_{II} \approx 0 \quad (1.17)$$
$$p_I \approx p_{II} \quad (1.18)$$

wird dann die Förderhöhe der Pumpe

$$H = H_{geodätisch} + H_{V,Anlage} \quad (1.19)$$

Mit anderen Worten: Die nutzbare Förderhöhe der Pumpe geht in die tatsächliche Anhebung der Flüssigkeit (geodätische Höhendifferenz) und in die Verluste der Anlage bei der Förderung über.

1.4.2 Unterschied zwischen offenem und geschlossenem Kreislauf

Als geschlossen bezeichnet man einen Kreislauf, wenn Austritt und Eintritt der Pumpe durch die Anlage miteinander verbunden sind, d.h. dass immer das selbe Fluid von der Pumpe angesaugt und umgewälzt wird.
In diesen Fällen ist nicht das Fluid selbst das zu transportierende Gut, sondern es dient in der Anlage nur als Träger des eigentlichen Gutes (Energie, gelöste Stoffe, Feststoffe, etc.).

Bei einem offenen Kreislauf nach obiger Skizze leistet die Pumpe am Fluid im Wesentlichen Druckänderungsarbeit, Hubarbeit und Verlustarbeit auf dem Strömungsweg. Bei einem geschlossenen Kreislauf kommt das Fluid dagegen zyklisch immer wieder an den gleichen Punkt des Kreislaufes, so dass insgesamt (Integral) weder Hubarbeit noch Druckänderungsarbeit geleistet werden. Die nutzbare Fluidarbeit geht daher letztendlich vollständig in die Verluste der Anlage über.

Druckänderungsarbeit und Hubarbeit in offenen Kreisläufen sind fast immer unabhängig vom Volumenstrom. Die Verluste sind dagegen proportional der mittleren Fluidgeschwindigkeit und daher (bei konstanter Fluiddichte) proportional dem Volumenstrom Q. Somit kann man die Anlagenkennlinie aus diesen Angaben qualitativ wie folgt darstellen:

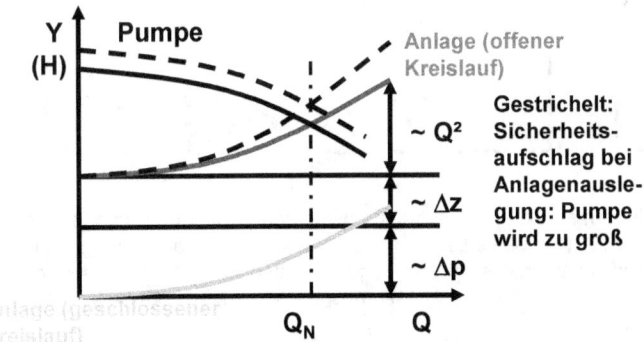

1.4.3 Druckverlauf in der Anlage inklusive der Pumpe

Am Beispiel eines offenen Kreislaufes soll der Druckverlauf über der Höhe (d.h. ungefähr dem Strömungsweg) gezeigt werden. Erwünscht wäre ein Druckverlauf, bei dem möglichst keine Verluste auftreten (gestrichelte Linie im nächsten Diagramm).

In jedem Fall soll aber an keiner Stelle der Dampfdruck der Flüssigkeit unterschritten werden, damit keine oder nur unbedeutende Kavitation auftritt. Der Punkt niedrigsten

Dampfdruckes tritt im Ansaugbereich einer Pumpe auf, da aufgrund der Beschleunigung der Strömung bei Eintritt in das rotierende Laufrad ein erheblicher Druckabfall stattfindet (Bernoulligleichung längs der Stromlinie). Hier treten am häufigsten Erosionsschäden auf, wenn nicht durch geeignete Maßnahmen Kavitation verhindert wird. Insgesamt ergibt sich der statische Druckverlauf in etwa wie im Folgenden dargestellt:

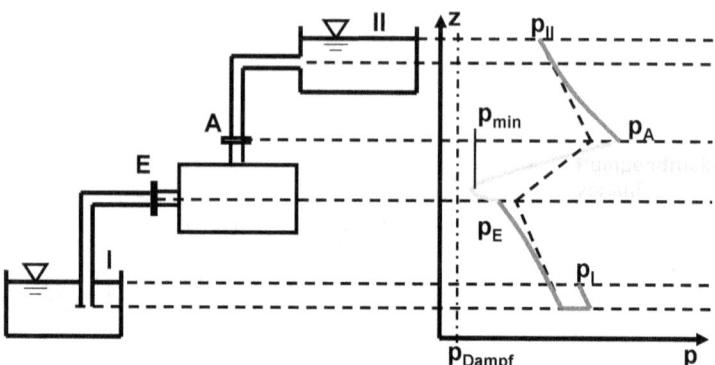

Diesem Verlauf liegt der Druckverlauf in schwerer Flüssigkeit (Hydrostatik) zu Grunde (gestrichelte Linien im obigen Verlauf).

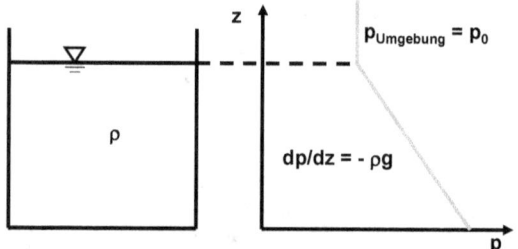

Gleichzeitig überlagern sich die Druckverluste der Anlage, was den durchgezogenen Linien entspricht. In der Pumpe selbst ist der Druckverlauf ebenfalls nicht ganz ideal (was einem linearen Anstieg zwischen Ein- und Austrittsdruck entspricht, der von der Anlage vorgegeben ist), sondern er weist ein ausgeprägtes Minimum in der Nähe des Laufradeintrittes auf.

Wie man dem Druckverlauf oben entnehmen kann, ist dies bezüglich der Kavitationsneigung die kritischste Stelle in Pumpe und Anlage, denn der Abstand zum Dampfdruck ist in jedem Fall am geringsten. Mit diesem Problem werden wir uns daher zunächst beschäftigen.

1.5 Der NPSH-Wert von Pumpe und Anlage

Eine wesentliche Forderung an ein Pumpen/Anlagensystem ist, dass an keiner Stelle der lokale statische Druck deutlich unter den Dampfdruck der Flüssigkeit fällt.

$$p_{\min, Anlage} > p_D \quad (1.20)$$

Wie gezeigt, liegt der minimale Druck im Eintrittsbereich der Pumpe, insbesondere beim Eintritt in das rotierende Laufrad. Als Mindestforderung muss daher gelten, dass der Eintrittsdruck p_E (Flansch) oberhalb von p_D liegen muss. Wie weit oberhalb dies sein muss, hängt dann wiederum von der Pumpenbauart, der Geometrie, dem aktuellen Volumenstrom (Geschwindigkeit), der Umfangsgeschwindigkeit (Drehzahl) des Laufrades und nicht zuletzt von der Anwendung ab. Im Normalfall ist es ohne Gefahr für die Maschine und die Anlage zulässig, wenn Kavitation in begrenztem Maße auftritt, Kavitation im Laufrad muss also nicht immer vollständig vermieden werden. Erosion kann außerdem auch konstruktiv vermieden werden (z.B. durch Härten oder Beschichten der Eintrittskanten des Laufrades), so dass in solchen Fällen die Auswirkung der Kavitation auf den Wirkungsgrad und die Förderhöhe in den Vordergrund tritt.

Zur Beschreibung des möglichen Betriebsbereiches einer Pumpe, in dem die Wirkung auftretender Kavitation (Erosion/Förderhöhenverlust) noch akzeptabel klein ist, verwendet man den NPSH-Wert (Englisch: Net Positive Suction Head). Eine sinngemäße deutsche Übersetzung wären die früher gebräuchlichen Begriffe „Haltedruckhöhe" oder „Netto-Energiehöhe im Eintrittsquerschnitt".

Die „Netto-Energiehöhe" wird dabei als Druckenergie in der Form absolute Druckenergiehöhe abzüglich der Verdampfungsdruckhöhe gebildet. Diese ursprüngliche Definition drückt sich auch in Definition des heute international gebräuchlichen NPSH-Wertes aus.

1.5.1 Definition des NPSH-Wertes

Die Definition lautet:

$$NPSH = \frac{p_{E,tot} - p_D}{\rho g_n} \quad [m] \quad (1.21)$$

Diesen Kennwert gibt es als Anlagenkennwert (d.h. die Nettoenergiehöhe, die die Anlage zur Verfügung stellt) und als Pumpenkennwert (d.h. die mindestens erforderliche Nettoenergiehöhe, die die Pumpe zu einem störungsfreien Betrieb benötigt).

Der NPSH-Wert als Kennwert der Pumpe wird als *erforderlicher* NPSH-Wert bezeichnet, der NPSH-Wert der Anlage als *vorhandener* NPSH-Wert.

Im möglichen (optimalen) Betriebsbereich der Pumpe muss der erforderliche NPSH-Wert *kleiner* als der vorhandene der Anlage sein, außerhalb des optimalen Bereiches ist er größer, d.h. Kavitationsschäden und Förderhöhenverluste sind hier nicht mehr ausgeschlossen. Daher muss die Auswahl einer Pumpe für eine bestimmte Anlage sorgfältig dieses Kriterium erfüllen, damit ein möglichst großer Betriebsbereich zulässig wird.

Gleichzeitig bedeutet dies, dass die Auswahl einer Pumpe in keinem Falle ohne Kenntnis der tatsächlichen Anlagenkonfiguration erfolgen kann (Systemintegration).

Im Klartext: Es wäre nicht zielführend, wenn alleine der Kaufmann/Buchhalter (Neudeutsch: Controller) anhand von planungsseitig vorgegebenen Nenndaten die billigste Pumpe aus den Katalogen der Hersteller auswählt. Die zweckgebunden richtige Pumpe kann nur der Anlagenplaner selbst wählen. Damit übernimmt dieser aber auch gleichzeitig die wirtschaftliche Verantwortung seiner Wahl. „Das Beste ist gerade gut genug" darf also auch nicht sein alleiniges Kriterium sein. Alle technischen und wirtschaftlichen Gesichtspunkte sind gegeneinander abzuwägen.

Bezüglich der Kavitation sind zwei Werte zu ermitteln und einander gegenüber zu stellen:

Pumpe: $NPSH_{erf}$
Anlage: $NPSH_{vorh}$

$$NPSH_{vorh} \geq NPSH_{erf} \quad (1.22)$$

1.5.2 NPSH-Wert der Anlage: $NPSH_{vorh}$ oder NPSHA (available)

Betrachten wir zunächst das Verhalten der offenen Anlage bis zum Eintrittsflansch der Pumpe E, obwohl wir das später noch einmal aufgrund einer etwas anders lautenden Definitionsebene in der ISO-Norm geringfügig korrigieren müssen. Die wesentlichen Wirkungen auf $NPSH_{vorh}$ lassen sich aber bereits so aufzeigen.

Wir berechnen zunächst den vorhandenen NPSH-Wert aus der Definition (1.21), indem wir den Totaldruck am Eintrittsflansch aus der Bernoulligleichung zwischen der Stelle I und dem Eintrittsflansch ausrechnen:

$$\int_I^E \frac{dp}{\rho} + \frac{c_E^2}{2} - \frac{c_I^2}{2} + g(z_E - z_I) + \underbrace{Y_V}_{I \to E} = 0 \quad (1.23)$$

$$\frac{p_E - p_I}{\rho} + \frac{c_E^2}{2} - \frac{c_I^2}{2} + g(z_E - z_I) + \underbrace{Y_V}_{I \to E} = 0 \quad (1.24)$$

Der Totaldruck ist definiert mit:

$$p_{tot} = p + \frac{\rho}{2} c^2 \quad (1.25)$$

Hierbei ist p der statische Druck. Setzt man die Definition des Totaldruckes in (1.24) ein, so erhält man:

$$\frac{p_{E,tot}}{\rho} = \frac{p_{I,tot}}{\rho} - g(z_E - z_I) - \underbrace{Y_V}_{I \to E} \quad (1.25)$$

Eingesetzt in die Definition des NPSH-Wertes erhält man:

$$NPSH_{vorh} = \frac{p_{I,tot} - p_D}{\rho g} - (z_E - z_I) - \underbrace{H_{V,Anlage}}_{I \to E} \quad (1.26)$$

Der vorhandene NPSH-Wert der Anlage hängt vom Totaldruck an der Stelle I der Anlage ab und reduziert sich um den Verlust an Förderhöhe durch den Druckverlust auf dem Strömungsweg bis zum Eintritt in die Pumpe sowie um die geodätische Höhendifferenz. Man erkennt unmittelbar, dass der NPSH-Wert der Anlage den für die Vorgänge innerhalb der Pumpe noch übrig bleibenden Abstand vom Dampfdruck kennzeichnet.

Der statische Druck nimmt quadratisch mit dem Volumenstrom ab, weil die Anlagenverluste zunehmen. Dies erkennt man, wenn man den Druck an einer beliebigen Stelle x in der Anlage, die vor dem Eintritt E in die Pumpe liegt („stromauf" der Pumpe), aus der Bernoulligleichung bestimmt:

$$p_x = p_I - \frac{\rho}{2}(c_x^2 - c_I^2) - \rho g(z_x - z_I) - \rho g H_{V,Anl \atop I \to x} \quad (1.27)$$

Der Druck sinkt linear mit der Höhe und quadratisch mit dem Volumenstrom. Nachdem dies für jeden Punkt vor Eintritt in die Pumpe gilt, also auch insbesondere für den Druck in der Ebene des Eintrittsstutzens (E), verhält sich der vorhandene NPSH-Wert genauso.

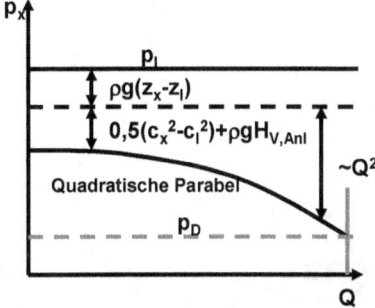

Der Verlauf des vorhandenen NPSH-Wertes über dem angesaugten Volumenstrom hat die Form einer nach unten offenen quadratischen Parabel.

Nach ISO 2548 nimmt man als Bezugsebene nicht den Eintrittsstutzen, sondern die Mitte der Laufradeintrittsebene. Die genaue Definition der Bezugsebene ist „diejenige horizontale Ebene, die durch die Mitte des Kreises geht, der von den äußeren Punkten der Schaufelsaugkanten gebildet wird".

Mit dieser Definition sind auch Schräglagen der Welle und bestimmte Formen des Eintrittsflansches abgedeckt, wie die beiden folgenden Skizzen verdeutlichen:

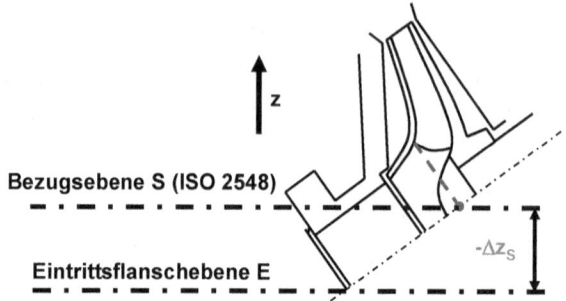

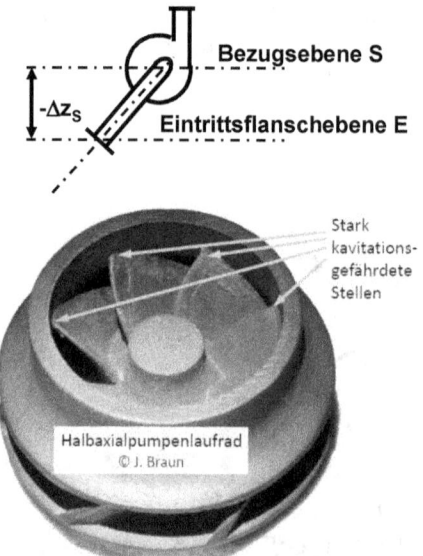

In diesem Fall sind die Verluste, die Höhenlage z und die Geschwindigkeiten entsprechend anzupassen, d.h. der Punkt E ist durch den Punkt S in den obigen Gleichungen zu ersetzen. In den allermeisten Fällen reicht es aber auch aus, nur den zusätzlichen Höhenunterschied Δz_S mit dem richtigen Vorzeichen zu berücksichtigen: Im Falle (wie gezeichnet) einer oberhalb der Eintrittsflanschebene liegenden Bezugsebene mit negativem Vorzeichen (vorh. NPSH wird kleiner) andernfalls mit positivem Vorzeichen.

$$NPSH_{vorh} = \frac{p_{I,tot} - p_D}{\rho g} - (z_E - z_I) \pm \Delta z_S - H_{V,Anlage \atop I \to E} \quad (1.28)$$

Die Bezugsebene ist zum Vergleich mit dem erforderlichen NPSH-Wert der Pumpe in jedem Falle anlagenseitig (NPSHA) unbedingt zu beachten!

1.5.3 NPSH-Wert der Pumpe: NPSH$_{erf}$ oder NPSHR (required)

Auch der erforderliche NPSH-Wert wird durch die Definitionsgleichung (1.21) bestimmt:

$$NPSH_{erf} = \frac{p_{E,tot} - p_D}{\rho g_n} \quad [m] \quad (1.28)$$

Zu interpretieren ist er als ein Mindestwert der pumpenseitig für einen (bezüglich der Kavitation) störungsfreien Betrieb erforderlich ist.

Der erforderliche NPSH-Wert, den eine Pumpe zum einwandfreien Betrieb benötigt, stellt also den Mindestabstand des Eintritts-Totaldruckes vom Dampfdruck der Flüssigkeit dar. Bei der Ermittlung des erforderlichen NPSH-Wertes ist man nach wie vor auf Versuche angewiesen, um eine akzeptable Betriebseigenschaft zu gewährleisten. Mögliche Kriterien für „akzeptable" Betriebseigenschaften werden im nächsten Abschnitt besprochen.

Es ist nicht möglich den erforderlichen NPSH-Wert einer Pumpe auf rein theoretischem Weg zu ermitteln. Folglich sind der NPSH-Wert und insbesondere die NPSH-Kennlinien bei unterschiedlichen Drehzahlen eine Angabe des Herstellers (quantitativer Verlauf).

Der qualitative Verlauf lässt sich dagegen recht gut erklären, wie später noch gezeigt werden wird. Typischerweise weist die NPSH-Kennlinie einer Pumpe bei konstanter Drehzahl ein Minimum auf, das meist auch in der Nähe des optimalen Wirkungsgrades der Pumpe liegt („Badewannenkurve"). Daher wird immer ein Betrieb einer Pumpe in der Nähe dieses Optimums angestrebt.

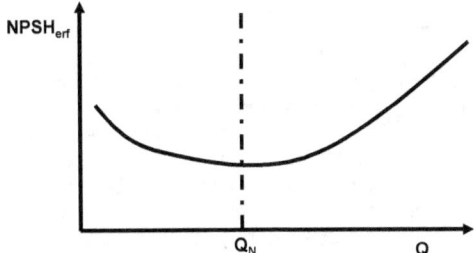

1.5.4 Kavitationskriterien

Wie groß der erforderliche NPSHR-Wert (englisch: required, Index R) tatsächlich ist, hängt vom Kriterium ab, das der Hersteller oder der Anlagenplaner als „akzeptable" Kavitation ansieht. Neben einer möglichen Schädigung der Pumpe führt die Kavitation grundsätzlich auch zu einem Verlust an Förderhöhe H und Wirkungsgrad der Pumpe. Schädigung durch geringfügige Kavitation lassen sich durch heutige Schaufelwerkstoffe oder Fertigungsverfahren (Beschichten/Härten) weitestgehend vermeiden. Daher ist die Höhe des unvermeidbaren Förderhöhenverlustes zum Hauptkriterium geworden, um den Begriff einer akzeptablen Kavitation zu quantifizieren.

Senkt man im Versuch den Eintrittsdruck in eine Pumpe immer mehr ab (d.h. $NPSH_{vorh}$ sinkt), werden die beobachtbaren Kavitationsblasen größer und länger und lösen dementsprechend auch stärkere Effekte aus. In diesem Versuch erkennt man die folgenden ausgezeichneten Zustände:

- $NPSH_i$: Gerade einsetzende Kavitation, kein Verlust an Förderhöhe
- $NPSH_{0\%}$: Leichte Kavitation, noch kein (aber beginnender) Verlust an Förderhöhe
- $NPSH_{3\%}$: Bereits merkliche Kavitation, die zu einem Verlust an Förderhöhe von 3% führt.
- $NPSH_{Voll}$: Vollkavitation, Die Förderhöhe der Pumpe bricht vollständig zusammen.

Diese Kriterien unterscheiden sich im Wesentlichen durch die Lauflänge, auf der die Dampfblasen wieder kollabieren (Schleppenlänge). Mit wachsender Kavitation wird diese Lauflänge immer größer und das Blasengebiet immer dicker. Letztlich ist es die Versperrung der Strömung durch das Blasengebiet, die den Wirkungsgrad des Laufrades immer schlechter macht, so dass am Ende die Förderhöhe der Pumpe auf Null zurückgeht.

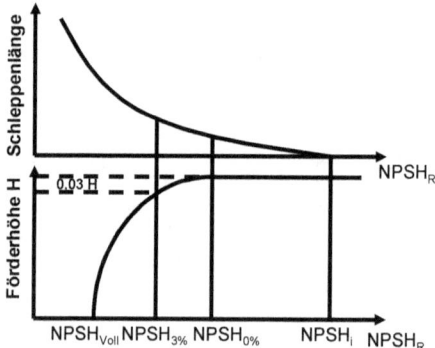

Das 3%-Kriterium wird sehr häufig von Pumpenherstellern verwendet, um das erforderliche NPSH zu definieren. Dies bedeutet, dass insbesondere in Kennliniendiagrammen ebenfalls das 3% Kriterium Basis der (ausgemessenen) NPSH-Q-Kennlinie ist. Wenn aus Gründen der Hauptanwendung ein anderes Kriterium verwendet wurde, wird der Hersteller dies in der Regel angeben, damit beim Vergleich zweier Pumpen keine Missverständnisse entstehen. Außerdem kann so auch der Anlagenbauer entscheiden, ob ein 3%-Kriterium für ihn akzeptabel ist, oder ob eventuell ein anderes Kriterium angewendet werden sollte. Hierfür ist die zusätzliche Angabe des erforderlichen NPSH ohne Förderhöhenverlust sinnvoll. Der Anlagenplaner kann dann Zwischenwerte (z.B. 1% Förderhöhenverlust) in ausreichender Genauigkeit interpolieren.

Beim Vergleich zweier Pumpen bezüglich ihrer NPSH-Kurven ist in jedem Falle zu prüfen, ob das gleiche Kavitationskriterium angewendet wurde, sonst ist der Vergleich sinnlos bzw. nicht aussagekräftig.

Hat man sich für ein Kriterium entschieden, kann aus der entsprechenden Kennlinie der Pumpe zusammen mit der Anlagenkennlinie der erlaubte Betriebsbereich einer Pumpe in einer vorgegebenen Anlage ermittelt werden:

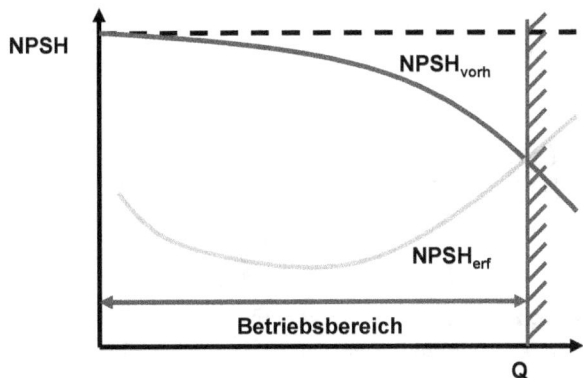

1.6 Zusammenfassung

Die Betriebseigenschaften einer Pumpe werden durch vier Kennzahlen beschrieben:

- Förderhöhe H
- Antriebsleistung P
- Wirkungsgrad η
- $NPSH_{erf}$

Pumpen werden so ausgelegt, dass sie im Nennbetriebspunkt (annähernd) ihr Wirkungsgradmaxium und ihr minimales erforderliches NPSH aufweisen. Daher sollte auch eine Pumpenauswahl so erfolgen, dass der von der Anlage geforderte Nenn-Volumenstrom (in dem die Anlage die meiste Zeit betrieben werden wird) mit dem Nenn-Volumenstrom der Pumpe möglichst gut zusammenpasst.

2 Anforderungen an Kreiselpumpen

2.1 Fördermedium

Wesentliche Anforderungen an Kreiselpumpen werden bereits durch das oder die zu fördernden Medien gestellt. Neben den allgemeinen physikalischen Eigenschaften sind auch die chemischen Eigenschaften (Korrosivität), mechanische Eigenschaften (mitführen von Schwebstoffen wie Sand) und der Betriebstemperaturbereich von entscheidendem Einfluss auf Konstruktion und Bauart der Pumpe. Alle diese Eigenschaften des Fördermediums müssen von Beginn an bekannt sein, damit eine Pumpe allen Anforderungen im Betrieb gerecht werden kann.

Wichtige physikalische Parameter
- Dichte
- Viskosität
- Dampfdruck und Dampfdruckkurve
- Fluidtemperatur und Temperaturbereich im Betrieb (z.B. Speisewasserpumpe)
- Eigenschmierwirkung (Öle)
- Gehalt an gelösten Gasen

Mechanische Parameter
- Abrasivität (sehr zähe Medien)
- Beladung mit Feststoffen

Chemische Eigenschaften
- Korrosivität (Säuren und Laugen)
- Reaktionsfähigkeit mit anderen Medien
- Giftigkeit
- Umweltverträglichkeit

2.2 Strömungstechnische Betriebseigenschaften

Folgende Betriebseigenschaften einer Pumpe müssen für einen optimalen Einsatz bekannt sein:

2.2.1 Q-H-Linie

- Die Nennbetriebswerte (bei denen der Wirkungsgrad optimal ist) Q_N und H_N müssen in der Kennlinie enthalten sein
- Der erlaubte oder empfohlene Betriebsbereich muss enthalten sein $Q_{min} < Q < Q_{max}$
- Die Nenn-Betriebsdrehzahl n_N muss angegeben sein
- Die Kennlinie muss stabil sein, d.h. $dH/dQ < 0$! Sie darf insbesondere kein Maximum aufweisen, da sonst im Betrieb ein spontanes Umschlagen der Fördermenge möglich ist.
- H_0 (siehe Bild unten) sollte unterhalb der maximalen Förderhöhe H_{max} liegen, wobei H_0 möglichst dicht über der Nennförderhöhe H_N sein sollte (flache Kennlinie im Betriebsbereich kleiner Volumenströme)
- Die Steilheit der Kennlinie in der Nähe des Nennbetriebspunktes ist ebenfalls wichtig, wobei es auf den Einsatz ankommt, ob eine möglichst steile Kennlinie (d.h. fast konstanter Volumenstrom bei unterschiedlichen Förderhöhen) oder eine möglichst flache Kennlinie (d.h. fast konstante Förderhöhe bei unterschiedlichen Volumenströmen) erwünscht ist.
- Außerdem können anlagenseitig weitere Kennlinienpunkte als Anforderungen vorgegeben sein.

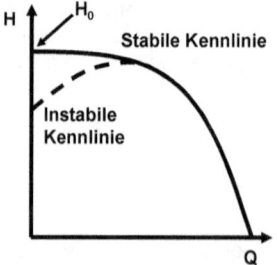

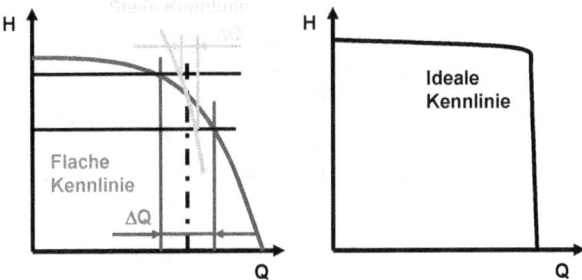

2.2.2 Q-P_W-Kennlinie

Minimale und maximale Leistungsaufnahme der Pumpe an der Welle sollten jeweils kleiner sein als anlagenseitig vorgegebene Maximalwerte, $P_{W,max}$ < Max und $P_{W,min}$ < Max.

2.2.3 Q-η-Kennlinie

- Der Betriebspunkt mit maximalem Wirkungsgrad ist gleichzeitig der Nennbetriebspunkt: $\eta_{max} = \eta_N$
- Die Pumpe soll so ausgelegt sein, dass der maximale Wirkungsgrad der Kennlinie gleichzeitig der maximal erreichbare Wirkungsgrad ist: $\eta_{max} = \eta_{max,erreichbar}$.
- Die Wirkungsgradkurve sollte am Optimum möglichst flach sein

2.2.4 Q-NPSH-Kennlinie

- Der erforderliche NPSH-Wert der Pumpe muss in allen Betriebspunkten unter dem anlagenseitig vorhandenem NPSH-Wert sein: $NPSH_{erf}$ < $NPSH_{vorh}$
- Der erforderliche NPSH-Wert der Pumpe sollte dem technologisch (und wirtschaftlich) minimal erreichbaren NPSH-Wert entsprechen: $NPSH_{erf} = NPSH_{erf,erreichbar}$
- Der erforderliche NPSH-Wert soll in einem weiten Betriebsbereich möglichst klein sein, damit auch veränderte Betriebsbedingungen (z.B. höhere Medientemperatur und damit höherer Dampfdruck) nicht zu einem unzulässigen Betriebszustand führen

2.3 Weitere Forderungen

Zusätzlich gibt es weitere Forderungen, die sich aus dem Einsatz einer Pumpe ergeben.

2.3.1 Ausreichende Festigkeit

Alle Bauteile müssen eine ausreichende Festigkeit aufweisen, damit eine erforderliche (und zum Teil zu garantierende) Lebensdauer der Pumpe gewährleistet ist. Im Kraftwerksbereich sind zum Beispiel hohe Strafen fällig, wenn ein ganzes Kraftwerk wegen des Versagens der Speisewasserpumpe nicht mehr betrieben werden kann.
Die Auslegung auf ausreichende Festigkeit muss bezüglich folgender Punkte erfolgen:
- Innendruck
- Stutzenlasten
- Temperatur und Temperaturtransienten
- äußere Lasten (z.B. durch Erdbeben, Kraftwerksbereich, Chemieindustrie oder durch Personal, insbesondere Montagepersonal)
- Drehzahl und Fliehkräfte

Dabei sind insbesondere Spannungen in den Bauteilen und die zugehörigen Verformungen zu beachten.

2.3.2 Betriebssicheres Laufverhalten

Der Betrieb muss in jedem Fall schwingungs- und vibrationsarm erfolgen. Daher sind die drehenden Teile in ihrem dynamischen Verhalten zu berechnen und auf geringe *Wellenschwingungen* (Biege- und Torsionsschwingungen) auszulegen. Bis zu welcher Ordnung dies zu erfolgen hat, hängt von der Anwendung ab, aber auch von den umgesetzten Energien. Resonanzen mit anderen Erregungsfrequenzen sind unbedingt zu vermeiden. Auch die stehenden Bauteile und insbesondere das Gehäuse sind auf ihre Eigenfrequenzen zu überprüfen, um *Vibrationen* zu vermeiden.
- Rotordynamik (Biege- und Torsionsschwingungen)
- Resonanzen
- Vibration (Folge von Schwingungen/Resonanzen)

2.3.3 Bestmögliches Geräuschverhalten

Alle Pumpen sind von ihren Geräuschemissionen her auf einen möglichst leisen Betrieb auszulegen. Diese Regel gilt unabhängig vom Anwendungsfall, da sowohl Benutzer als auch Betriebspersonal möglichst vor krank machendem Lärm geschützt werden müssen. Im Wohnungsbereich müssen Pumpen besonders leise sein, da hier jedes (normalerweise nichtschädliche) Geräusch als äußerst störend empfunden wird. Daher muss die Auslegung auf
- geringe Luftschallemission und
- geringe Wasserschallemission (Druckschwankungen)

erfolgen.

2.3.4 Ausreichende Verschleißfestigkeit

Bei Verschleiß handelt es sich um einen langsamen und kontinuierlichen Materialabtrag während des Betriebes einer Kreiselpumpe. Auslöser können die Betriebsbedingungen, das Arbeitsmedium oder mitgeführte Stoffe sein. Die Auslegung erfolgt daher in Abhängigkeit vom Fördermedium auch in Kombination gegen die Wirkungen von
- Kavitation
- Korrosion
- Abrasion

2.3.5 Spezialeigenschaften für bestimmte Anwendungen

Bei speziellen Betriebsbedingungen und/oder Anwendungsfällen entstehen auch weitere Anforderungen, die sowohl die Auslegung als auch die konstruktive Lösung beeinflussen, z.B.:
- Selbstansaugefähigkeit (im allgemeinen nur mit Zusatzeinrichtungen möglich)
- Mitförderfähigkeit für Gase oder Feststoffe
- Hermetische Dichtigkeit gegen die Umgebung (bei Giftigkeit des Mediums)
- Tauchfähigkeit von Pumpe und Antrieb
- Mindestauslaufzeit wegen Druckstoßgefahr (eventuell ist ein Schwungrad erforderlich)

3 Wichtige Bauteile von Kreiselpumpen und ihre Funktion

Beispiel: Einstufige, einflutige Spriralgehäusepumpe

	Bauteil	Funktion
1.	Laufrad	Energieübertragung an das Fluid (in diesem Sinne einziges, aktives Bauteil)
2.	Gehäuse	Insgesamt ein Druckbehälter: Abschluss der im inneren befindlichen Flüssigkeit gegen die Umgebung
2.1.	Saugstutzen (auch Saugkrümmer)	Zuführung des Fluids zum Laufrad, zum Teil unter Querschnitts- und Richtungsänderung
2.2.	Spiralgehäuse	Sammeln des aus dem Laufrad (bzw. Leitrad) austretenden Fluids, dabei auch Umsetzung von Geschwindigkeit in Druck
2.3.	Druckstutzen	Ausleitung des Fluids aus dem Gehäuse, meist verbunden mit dem weiteren Umsetzen von Geschwindigkeit in Druck
3.	Leitrad (falls vorhanden)	Geschwindigkeitsänderung nach Betrag und Richtung, meist Verzögerung und Umwandlung von Geschwindigkeit in Druck (Diffusorwirkung)
4.	Radseitenräume	Trennung von rotierenden und stehenden Pumpenbauteilen (Laufrad – Gehäuse)
5.	Dichtspalte	Berührungsfreie Abdichtung zwischen Hochdruck- und Niederdruckseite des Laufrades, Axialschubentlastung im Falle eines zweiten, druckseitigen Dichtspaltes
6.	Entlastungsbohrungen	Axialschubentlastung

3.1 Das Laufrad einer Kreiselpumpe (Radialrad)

Das Laufrad ist das zentrale strömungsmechanische Bauteil einer Kreiselpumpe. Es ist das einzige bewegliche Teil und somit auch die einzige Stelle, an der dem Fluid von außen Energie zugeführt werden kann. Für den Wirkungsgrad dieser Energiewandlung (mechanische Energie in Fluidenergie) ist es ebenfalls hauptsächlich verantwortlich, weshalb wir das Laufrad und seine Berechnung intensiver ansehen werden als die anderen Teile.

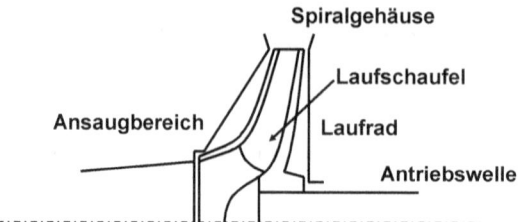

Ein solches Laufrad ist ein geometrisch äußerst komplexes Bauteil. Um die einzelnen Gestaltungselemente verstehen zu können, ist es sinnvoll, zunächst mit stark vereinfachten Geometrien zu arbeiten, damit die Prinzipien verstanden werden können, um dann Schritt für Schritt Verbesserungen anzubringen, die letztendlich fast automatisch auf die typische Laufradform führen.

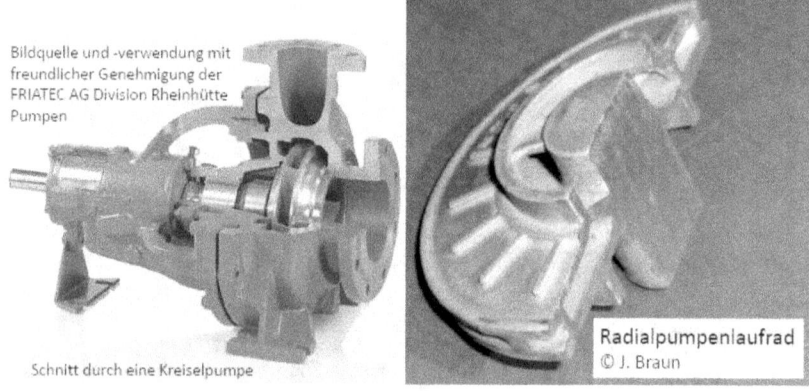

3.1.1 Laufrad mit radial verlaufenden Schaufeln ohne Krümmung und Profilierung

Die folgenden ersten Betrachtungen werden mit einer vereinfachten Geometrie durchgeführt. Das Laufrad wird vorerst als rein radiales Laufrad dargestellt.

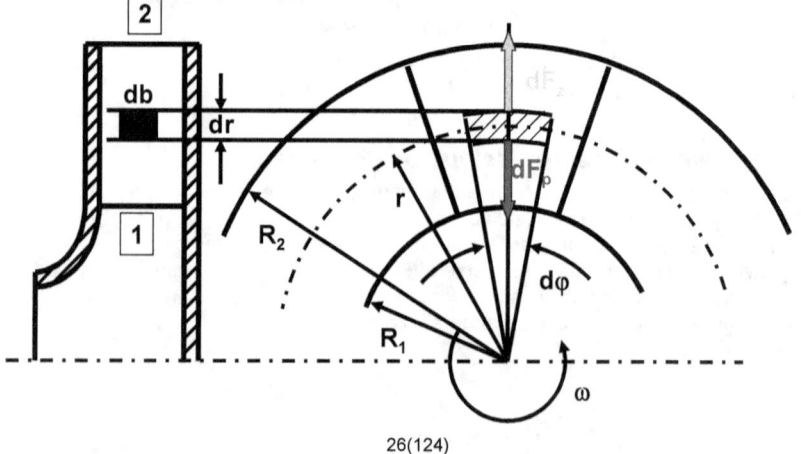

An dem skizzierten Strömungsteilchen wird die Kräftebilanz aufgestellt. Bei stehendem Laufrad wirkt auf das Teilchen nur der hydrostatische Druck, d.h.

$$\frac{\partial p}{\partial z} = -\rho g \qquad (3.1)$$

Ihm wird bei rotierendem Laufrad noch die hydrodynamische Druckänderung überlagert, die in der Regel in Kreiselpumpen viel größer ist als die Wirkung der Gravitation. Die hydrostatische Druckänderung gemäß (3.1) kann daher meist vernachlässigt werden. Diese Vereinfachung werden wir durchgängig einsetzen, d.h. Volumenkräfte auf Strömungsteilchen sind nur die Scheinkräfte.

Betrachten wir zunächst den Fall ohne Volumendurchsatz, $Q = 0$.

Fall A: Kein Durchfluss, $Q_{La} = 0$
Masse des Strömungsteilchens:

$$dm = \rho \cdot db \cdot dr \cdot r d\varphi \qquad (3.2)$$

Dynamische Kräfte:
Zentrifugalkraft:

$$dF_z = \omega^2 r \, dm \qquad (3.3)$$

Druckkraft:

$$dF_p = \frac{\partial p}{\partial r} dr \cdot dA = \frac{\partial p}{\partial r} dr \cdot db \cdot r d\varphi \qquad (3.4)$$

Beide Kräfte stehen in diesem Fall im Gleichgewicht:

$$\frac{\partial p}{\partial r} = \rho \omega^2 r \qquad (3.5)$$

Integration über dem Radius r ergibt:

$$p = \rho \omega^2 \int r \, dr + C \qquad (3.6)$$

Mit der Randbedingung

$$p = p_1 \quad \text{bei} \quad r = R_1 \qquad (3.7)$$

erhält man (u ist die Laufradumfangsgeschwindigkeit am Radius r):

$$p - p_1 = \frac{\rho}{2} \omega^2 \left(r^2 - R_1^2\right) = \frac{\rho}{2}\left(u^2 - u_1^2\right) \qquad (3.8)$$

An der Stelle $r = R_2$ erhält man für den Druck:

$$p_2 - p_1 = \frac{\rho}{2}\left(u_2^2 - u_1^2\right) \quad (3.9)$$

Die Druckänderung zwischen Ein- und Austritt ist also direkt an die Änderung der Umfangsgeschwindigkeit des Laufrades gekoppelt. Dies gilt aber nur, wenn die Flüssigkeit exakt der Rotation des Laufrades folgt. Um dies zu erzwingen, benötigt man „viele" Schaufeln, im Idealfall unendlich viele, dann aber auch unendlich dünne Schaufeln ohne Versperrung des Strömungsweges.

Fall B: Mit Durchfluss, $Q_{La} > 0$
Betrachten wir wieder zunächst eine rein radiale Beschaufelung und ein Strömungsteilchen wie oben, das sich durch den rotierenden Schaufelkanal bewegt.

Relativ zum Schaufelkanal bewegt es sich mit der Geschwindigkeit w (Relativgeschwindigkeit) und folgt aufgrund der Voraussetzung „vieler" Schaufeln exakt der Richtung dieser Schaufeln. Der Relativgeschwindigkeit überlagert sich die vom Radius abhängige Drehgeschwindigkeit des Laufrades u (Umfangsgeschwindigkeit). Sie ist tangential gerichtet und wird aufgrund der „vielen" Schaufeln ebenfalls dem Strömungsteilchen aufgezwungen.

Addiert man die **Relativgeschwindigkeit w** und die **Umfangsgeschwindigkeit u** vektoriell erhält man die **Absolutgeschwindigkeit c** des Teilchens, also die Geschwindigkeit, die ein ruhender Beobachter dem Teilchen zuordnet:

Geschwindigkeitsdreieck

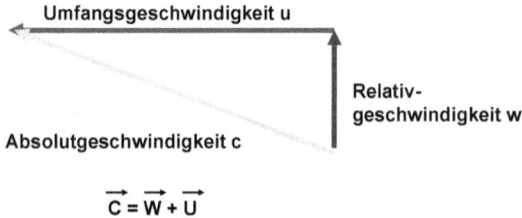

Für ein Teilchen, das sich kurz vor dem Austritt aus dem Laufrad befindet erhält man dementsprechend folgendes Bild:

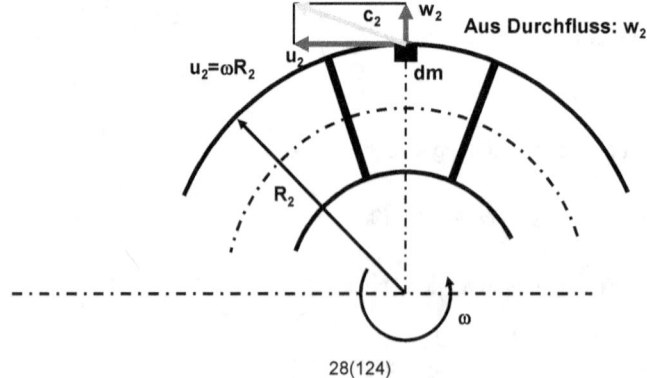

Die genannten Bezeichnungen sind im Strömungsmaschinenbau üblich. Mit c wird die *Absolutgeschwindigkeit* im ruhenden Bezugssystem bezeichnet, mit w die *Relativgeschwindigkeit* im rotierenden System der Beschaufelung und mit u die *Umfangsgeschwindigkeit* des Laufrades. Diese drei Geschwindigkeiten stehen an jeder Stelle im Laufrad in folgendem Zusammenhang:

$$\vec{c} = \vec{w} + \vec{u} \qquad (3.10)$$

Bei rein radialer Beschaufelung und einer angenommenen idealen Strömungsführung durch die Beschaufelung ist w daher ebenfalls exakt radial. Den Wert von w kann man bestimmen, indem man den Volumenstrom durch das Laufrad durch den freien Durchtrittsquerschnitt dividiert (in unserem Beispiel ist dies eine Zylinder-Mantelfläche, B sei die Breite des Laufrades in axialer Richtung).

$$w = \frac{Q}{2r\pi B} \qquad (3.11)$$

Wie man unmittelbar sieht, sinkt w mit wachsendem Radius r. Im mitrotierenden Koordinatensystem wird in einem radialen Laufrad die Strömung verzögert. Dies wird noch bei der Energiebilanz von Bedeutung werden.

Um die Absolutgeschwindigkeit c im ruhenden System zu bestimmen, muss man der Relativgeschwindigkeit w noch die Umfangsgeschwindigkeit am Austritt überlagern. Sie ist bei typischen Drehzahlen nur unwesentlich größer als die Umfangsgeschwindigkeit, z.B.: $u_2 = 62,8$ m/s und $c_2 = 63$ m/s, weil in der Regel die Durchtrittsgeschwindigkeit w vergleichsweise klein ist. Die Strömung tritt also mit der Absolutgeschwindigkeit c_2 in den freien Raum nach dem Laufrad ein, die etwa so groß ist wie die Umfangsgeschwindigkeit des Laufrades. Eine derartige Geschwindigkeit wäre allerdings zu groß für typische Rohrleitungssysteme und ebenso ungeeignet als Eintrittsgeschwindigkeit in einen nachfolgenden Diffusor, mit dem man die kinetische Energie in Druckenergie umwandeln kann.

3.1.2 Stationäre und instationäre Strömung

Eine stationäre Strömung liegt vor, wenn sich an einem festen Ort die Strömungssituation über der Zeit nicht ändert. Mathematisch ausgedrückt heißt das, dass alle *partiellen* Zeitableitungen im betrachteten Gebiet null sein müssen, aber nicht unbedingt *totale* Ableitungen nach der Zeit.
Stationäre Strömung heißt also:

$$\frac{\partial}{\partial t} = 0 \qquad (3.12)$$

Die Bedeutung dieser Vereinfachung ist für die Gleichungen meist sehr groß, wobei in Strömungsmaschinen (Turbomaschinen) diese Vereinfachung sehr häufig den wahren Strömungsverhältnissen sehr gut entspricht. Meistens kann man dies sogar dann verwenden, wenn die Strömung in Wirklichkeit instationär ist, z.B. bei Anfahr- und Abfahrvorgängen. Der Grund dafür ist, dass selbst in diesen Fällen die Wirkung der zeitlichen Änderungen (z.B. durch das Schließen eines Schiebers) immer noch klein gegen die Impulswirkung der Strömung ist, man spricht dann von einer quasistationären Strömung. Turbomaschinen lassen sich im Gegensatz zu Kolbenmaschinen in den meisten Betriebsfällen stationär oder wenigstens quasistationär rechnen, was den Rechenaufwand erheblich verringert. Wir werden hier daher ausschließlich stationäre Strömungssituationen betrachten, zunächst aber eine der wichtigsten Folgen näher beleuchten. Der Vorteil der Strömungsmechanik ist, dass sie es ermöglicht, die Mathematik von Funktionen mit mehreren Variablen physikalisch anschaulich zu interpretieren, daher der folgende, kleine Einschub.

Wir betrachten bei Strömungsvorgängen immer Funktionen mit vier unabhängigen Variablen, nämlich den Koordinaten: Drei Ortskoordinaten (x, y, z) und die Zeitkoordinate t. Mathematisch sind diese gleichwertig. Das totale Differential einer beliebigen Funktion f nach allen Variablen (also ihre absolute Gesamtänderung), setzt sich aus den Teil-Änderungen durch Variation jeder einzelnen Variable zusammen, also:

$$df = \frac{\partial f}{\partial x_1} dx_1 + \frac{\partial f}{\partial x_2} dx_2 + \frac{\partial f}{\partial x_3} dx_3 + ... \qquad (3.13)$$

Die Übertragung dieser Gleichung auf unsere vier Koordinaten (t,x,y,z) ist also:

$$df = \frac{\partial f}{\partial t} dt + \frac{\partial f}{\partial x} dx + \frac{\partial f}{\partial y} dy + \frac{\partial f}{\partial z} dz \qquad (3.14)$$

In dieser Form ist die mathematische Gleichwertigkeit der Koordinaten noch gut ersichtlich. Trotzdem werden wir sehen, dass ihre physikalische Interpretation als Zeit bzw. Ort Folgen haben wird. Daher benennen wir die Terme auch unterschiedlich: Der erste Term heißt der „*instationäre Anteil*", die anderen drei Terme sind die „*Transportterme*". Warum diese Terme so genannt werden, erkennt man, wenn man die Gesamtänderung der beliebigen Größe f nach der Zeit wissen will, also ihre totale Ableitung nach der Zeit bildet. Aus 3.14 erhält man:

$$\frac{df}{dt} = \frac{\partial f}{\partial t} + \frac{\partial f}{\partial x}\frac{dx}{dt} + \frac{\partial f}{\partial y}\frac{dy}{dt} + \frac{\partial f}{\partial z}\frac{dz}{dt} \qquad (3.15)$$

Die drei Ableitungen der Ortskoordinaten nach der Zeit lassen sich in unserem Fall als Geschwindigkeit in der jeweiligen Koordinatenrichtung interpretieren: Verwenden wir (x,y,z) als Koordinaten und (c_x, c_y, c_z) als Geschwindigkeit in der jeweiligen Koordinatenrichtung, wird aus Gl. (3.15):

$$\frac{df}{dt} = \frac{\partial f}{\partial t} + \frac{\partial f}{\partial x} c_x + \frac{\partial f}{\partial y} c_y + \frac{\partial f}{\partial z} c_z \qquad (3.16)$$

Die totale Änderung jeder Größe f mit der Zeit setzt sich damit aus ihrer Änderung mit der Zeit bei festem Ort (also der partiellen Ableitung nach der Zeit oder dem instationären Anteil) und den Änderungen, die aufgrund der am Ort (x,y,z) herrschenden Geschwindigkeiten (c_x, c_y, c_z) hervorgerufen werden.

Das Geschwindigkeitsfeld einer Strömung (c_x, c_y, c_z) führt also dazu, dass mit der Strömung die Größe f zum Ort (x,y,z) hin- bzw. auch von diesem Ort wegtransportiert wird (daher der Name Transportterme). Damit wird die totale Änderung der Größe f mit der Zeit in einem Strömungsfeld auch im stationären Fall nicht unbedingt Null, sondern es bleibt immer noch der Transportanteil durch das Geschwindigkeitsfeld:

$$\frac{df}{dt} = \frac{\partial f}{\partial x}c_x + \frac{\partial f}{\partial y}c_y + \frac{\partial f}{\partial z}c_z = \nabla f \bullet \vec{c} \qquad (3.17)$$

Erhaltungsgrößen wie die Energie und die Masse verlangen aber, dass auch deren totales Differential Null sein muss. Damit stehen in symbolischer Vektorschreibweise deren Gradienten mit dem Geschwindigkeitsfeld in einer festen Beziehung, wie 3.17 veranschaulicht: Im stationären Fall muss alle Energie oder Masse, die zum Ort hintransportiert wird auch wieder wegtransportiert werden. Der instationäre Term im instationären Fall „zerstört" diese Beziehung, denn er bedeutet eine „Speicherung" oder „Entnahme" der Erhaltungsgröße am Ort (x,y,z).

3.1.3 Rückwärts gekrümmte Laufschaufeln

Unser nächstes Ziel ist es nun, die radiale Beschaufelung derart zu verbessern, dass die Absolutgeschwindigkeit am Austritt des Laufrades kleiner wird. Wie gerade erläutert, betrachten wir ab jetzt nur noch die stationäre Strömung.

Aufgrund der vektoriellen Addition von Relativ- und Umfangsgeschwindigkeit kann man c verringern, indem man der Relativgeschwindigkeit w eine Komponente aufprägt, die *entgegen* der Umfangsgeschwindigkeit wirkt. Dazu muss man die rein radialen Schaufeln der Drehung entgegengesetzt abbiegen und erhält „*rückwärts gekrümmte Schaufeln*", die in der Folge die Absolutgeschwindigkeit verringern.

Die Relativgeschwindigkeit im Schaufelkanal wächst im Betrag dabei an, denn die radiale Komponente von w bleibt bei unverändertem Durchsatz aufgrund der Kontinuitätsgleichung gleich groß, während die Umfangskomponente von w einen Anteil *entgegen* der Rotationsrichtung hat, wie die folgende Skizze zeigt:

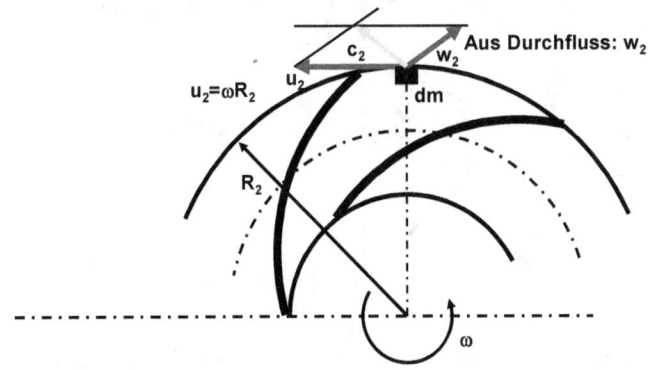

Man erkennt unmittelbar, dass die Absolutgeschwindigkeit c_2 deutlich kleiner wird. Diese Verringerung der Geschwindigkeit, die bereits im Laufrad stattfindet, bedeutet zudem aufgrund der Bernoulli-Gleichung, dass ein Teil der kinetischen Energie bereits im Laufrad in Druckenergie umgewandelt wird. Dies setzt aber immer voraus, dass die Flüssigkeit im Wesentlichen der Schaufelrichtung folgt, d.h. es darf nicht zu wenige und auch nicht zu dicke Schaufeln geben.

Betrachten wir jetzt den Fall
- rückwärts gekrümmter Beschaufelung,

- reibungsfreier Strömung,
- 1-dimensionaler Strömung
- sowie stationäre Verhältnisse (keine Zeitabhängigkeit).

Ein Strömungsteilchen bewegt sich auf der Relativstromlinie durch den Schaufelkanal. Im Absolutsystem bewegt sich das Teilchen in Drehrichtung beschleunigt (siehe nächstes Bild). Darunter ist das Strömungsteilchen noch einmal vergrößert herausgezeichnet (die Beschaufelung wird weggelassen) und die wirkenden Kräfte sind eingezeichnet.

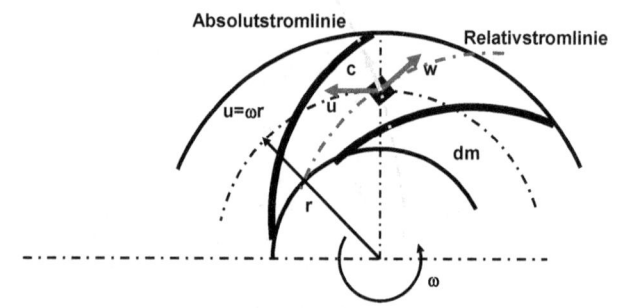

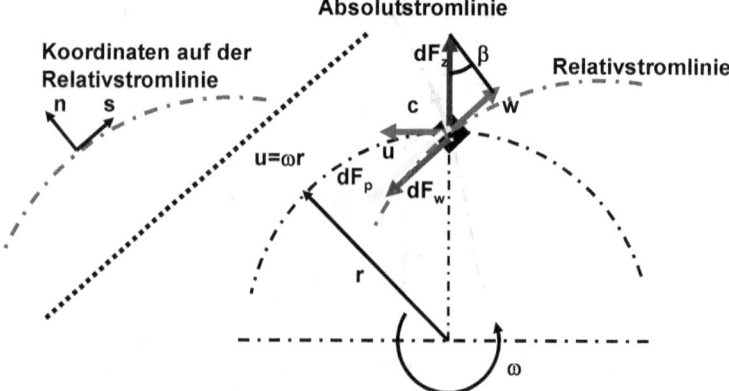

Die Koordinate s weist in Richtung der Relativstromlinie, die Koordinate n steht senkrecht auf der Stromlinie. Der Winkel β ist der lokale Winkel der Strömungsrichtung gegen die Umfangsrichtung und im Laufrad bei genügend vielen Schaufeln mit dem Schaufelwinkel β_s identisch.

Masse des Teilchens:

$$dm = \rho \cdot db \cdot ds \cdot dn \qquad (3.18)$$

Komponente der Zentrifugalkraft in s-Richtung:

$$\sin\beta \cdot dF_z = \sin\beta \cdot dm \cdot \omega^2 \cdot r \qquad (3.19)$$

Komponente der Druckkraft in s-Richtung:

$$dF_p = \frac{\partial p}{\partial s} \cdot ds \cdot dA = \frac{\partial p}{\partial s} \cdot \underbrace{ds \cdot db \cdot dn}_{dV = dm/\rho} \qquad (3.20)$$

Trägheitskräfte durch Änderung von w:

$$dF_w = dm \cdot w \cdot \frac{\partial w}{\partial s}; \qquad \frac{\partial w}{\partial t} = 0 \qquad (3.21)$$

Der aktuelle Strömungswinkel β, der im Idealfall gleich dem Schaufelwinkel auf dem Radius r ist, lässt sich auch aus der Geometrie ermitteln: Bewegt sich das Teilchen um ds auf der Stromlinie weiter, so ändert es seinen Radius um dr. Daher gilt:

$$\sin\beta = \frac{dr}{ds} \qquad (3.22)$$

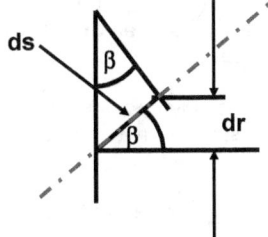

Aus dem Kräftegleichgewicht erhält man:

$$\frac{\partial p}{\partial s} = \rho\omega^2 r \frac{dr}{ds} - \rho w \frac{\partial w}{\partial s} = \rho\omega^2 \frac{1}{2}\frac{d}{ds}\left(r^2\right) - \rho\frac{1}{2}\frac{\partial}{\partial s}\left(w^2\right) \qquad (3.23)$$

Integration auf der Stromlinie ergibt die Energiebilanz des Teilchens:

$$p = \rho\omega^2 \frac{r^2}{2} - \rho\frac{w^2}{2} + C \qquad (3.24)$$

Die Konstante C wird aus der Randbedingung bestimmt, dass am Radius r_1 der Druck p_1 vorliegt.

$$p - p_1 = \frac{\rho}{2}\left(u^2 - u_1^2\right) + \frac{\rho}{2}\left(w_1^2 - w^2\right) \qquad (3.25)$$

Am Radius r_2 lässt sich dann der Druck berechnen:

$$p_2 - p_1 = \frac{\rho}{2}\left(u_2^2 - u_1^2\right) + \frac{\rho}{2}\left(w_1^2 - w_2^2\right) \qquad (3.26)$$

Diese Gleichung lässt sich in Worten wie folgt formulieren:

Die Erhöhung des statischen Druckes (Druckenergie) im Laufrad setzt sich zusammen aus der Erhöhung der kinetischen Energie durch die unterschiedlichen Umfangsgeschwindigkeiten des Laufrades auf den Radien am Eintritt und am Austritt *plus* der Verringerung der kinetischen Energie durch die Verzögerung der Relativgeschwindigkeit im Laufrad.

Eine möglichst effektive Energieumsetzung im Laufrad muss also *beide* Elemente sorgfältig beachten. Das Laufrad und die Kanäle zwischen den Schaufeln müssen daher insbesondere nach folgenden Grundregeln konstruiert sein:

- Damit die Energieumsetzung aus der Erhöhung der Umfangskomponente möglichst gut ist, muss das Laufrad genügend viele, aber sehr dünne Schaufeln aufweisen. Dadurch wird der Strömung die Umfangskomponente des Laufrades aufgezwungen.
- Es dürfen aber nicht zu viele Schaufeln Verwendung finden, damit die damit verbundene Reibung in der Grenzschicht an der Schaufeloberfläche den positiven Effekt nicht zunichte macht.
- Die Verzögerung der Relativgeschwindigkeit im Schaufelkanal muss (wie in jedem guten Diffusor) so erfolgen, dass sie gerade so groß ist, dass die Strömung an der Wand nicht ablöst. Damit darf der Schaufelkanal im Querschnitt nicht zu schnell zunehmen. Nachdem beim Radialrad mit steigendem Radius die Querschnittsfläche linear wächst, wird die Breite des Schaufelkanals (in axialer Richtung) daher mit wachsendem Radius kleiner gewählt. Vordere und hintere Deckscheibe nähern sich also mit wachsendem Radius an.

Diese konstruktiven Vorgaben lassen sich an der Form des typischen Radialrades erkennen:

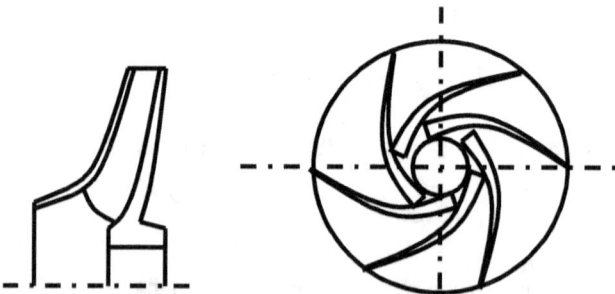

Kommen wir noch einmal zurück auf die Wirkung der Rückwärtskrümmung der Schaufeln. Sie soll die Absolutgeschwindigkeit c soweit herabsetzen, dass der nachfolgende Leitapparat (der ebenfalls ein Diffusor ist) die restliche kinetische Energie effektiv in Druck umsetzen kann. Sie lässt sich aus der Gleichung (3.26) ermitteln, wenn man den Totaldruck der Strömung einsetzt.

Die Erhöhung des Totaldruckes setzt sich zusammen aus der statischen Druckänderung (3.26) plus der Änderung der kinetischen Energie im Absolutsystem:

$$\Delta p_{tot} = \Delta p + \frac{\rho}{2}\Delta(c^2) \qquad (3.27)$$

Zwischen Ein- und Austritt des Laufrades gilt daher:

$$\underset{1\to 2}{\Delta} p_{tot} = \frac{\rho}{2}(u_2^2 - u_1^2) + \frac{\rho}{2}(w_1^2 - w_2^2) + \frac{\rho}{2}(c_2^2 - c_1^2) \qquad (3.28)$$

Der letzte Term ist dabei eigentlich unerwünscht, denn diese kinetische Energie muss erst noch durch Verzögerung im Leitapparat (Bernoulligleichung) in eine statische Druckerhöhung umgewandelt werden, was immer mit Verlusten verbunden ist. Im Idealfall würde man also anstreben, dass der letzte Term komplett verschwindet, so dass auch ein nachfolgender Leitapparat nicht mehr nötig wäre.

Leider ist dies aber i.d.R. nicht vollständig möglich, da dies bei den typischen Umfangsgeschwindigkeiten in Kreiselpumpen eine so große Rückwärtskrümmung verlangen würde, dass die Nachteile die Vorteile überwiegen würden. Insbesondere würde die Relativgeschwindigkeit w soweit anwachsen, dass große Reibungsverluste im Laufrad entstehen würden. Daher muss man einen Kompromiss schließen und einem so optimierten Laufrad einen Leitapparat folgen lassen.

In Kreiselpumpen geschieht diese nachfolgende Energieumwandlung entweder im Gehäuse (Spiralgehäuse) oder in einem Nachleitrad mit einer nicht rotierenden Beschaufelung. Ein Nachleitrad wirkt dabei wie ein Strömungsdiffusor.

3.2 Stehende, strömungsführende Teile (Nachleitrad oder Spiralgehäuse)

Im Nachleitapparat wird der Strömung von außen keine Energie zugeführt. Außerdem befindet man sich nach Austritt aus dem Laufrad im Absolutsystem, so dass alle Betrachtungen nur für die Absolutgeschwindigkeiten c durchzuführen sind.

Aufgabe des Nachleitapparates ist es, die noch recht hohe Absolutgeschwindigkeit bei Austritt aus dem Laufrad c_2 soweit herabzusetzen, dass sie der typischen Strömungsgeschwindigkeit in den nachfolgenden Rohrleitungssystemen entspricht. Die kinetische Energie soll dabei möglichst verlustfrei in Druckenergie umgewandelt werden. Unabhängig von der konstruktiven Umsetzung ist die physikalische Beschreibung dieses Vorganges durch die Bernoullische Gleichung in Verbindung mit der Kontinuitätsgleichung gegeben. Die Kontinuitätsgleichung liefert die Beziehung für die Verhältnisse der Geschwindigkeiten c_i in unterschiedlichen Querschnitten A_i:

$$\dot{m} = \rho Q = const \qquad (3.29)$$

Im Falle inkompressibler Strömung:

$$Q = c_i A_i = const \qquad (3.30)$$

Die Bernoullische Gleichung beschreibt die Energieumsetzung bei diesem Vorgang auf der Stromlinie zwischen den Punkten *i* und *i+1*:

$$p_i + \frac{\rho}{2}c_i^2 + \rho g z_i = p_{i+1} + \frac{\rho}{2}c_{i+1}^2 + \rho g z_{i+1} + \Delta p_v \qquad (3.31)$$

Wenn die geodätische Höhendifferenz vernachlässigt wird, kann der Druckaufbau im Nachleitapparat also aus dem Abbau der kinetischen Energie abzüglich des Reibungsverlustes berechnet werden (letzteren klein zu halten ist allerdings die Kunst dabei). Bezeichnet man mit $i=3$ den Punkt, an dem die Strömung den Nachleitapparat betritt und mit $i+1=4$ den Punkt, an dem sie ihn wieder verlässt, erhält man den statischen Druckaufbau im Leitapparat:

$$p_4 - p_3 = \frac{\rho}{2}\left(c_3^2 - c_4^2\right) - \Delta p_v \big|_{3 \to 4} \qquad (3.32)$$

Konstruktiv wird dies in den meisten Fällen bei Radialmaschinen durch ein Spiralgehäuse erfolgen, das wir später noch kennen lernen werden. Bei erhöhten Anforderungen an die Funktionalität kann der Nachleitapparat aber auch mit eigener Beschaufelung versehen werden (Leitschaufelgitter). Insbesondere bei Axialmaschinen, bei denen die Änderung der Umfangsgeschwindigkeit auf der Stromlinie im Laufrad nur eine geringe Rolle spielt (Gleichung 3.28!), erfolgt die Energieumsetzung nur über kinetische Energie. Hier kann man auf einen beschaufelten Nachleitapparat nur schwer verzichten.

4 Drehimpulserhaltung

Mit dem Drehimpulserhaltungssatz (früher: Impulsmomentengleichung) können aus einer Betrachtung der Strömung an der Oberfläche eines Kontrollvolumens das von der Strömung auf die Berandung ausgeübte Drehmoment und die Leistung bestimmt werden. Aufgrund des Newtonschen Satzes Actio=Reactio können dementsprechend auch das von außen auf die Strömung wirkende Drehmoment (das über die Welle des Laufrades übertragen wird) und die äußere Leistung bestimmt werden. Im Prinzip können die allgemeinen Gleichungen aus der Strömungsmechanik direkt angewendet werden, wobei die Strömungssituation einige Vereinfachungen zulässt, so dass die Lösung erheblich vereinfacht wird. Als Koordinatensystem werden Zylinderkoordinaten (siehe Bild) verwendet, d.h. eine Abhängigkeit von einer axialen Richtung x, der radialen Richtung r und der Umfangskoordinate φ.

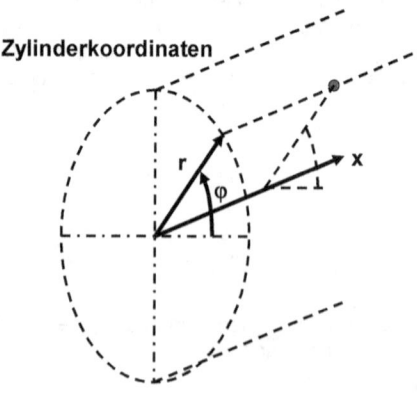

4.1 Vereinfachte Betrachtung

Die Vereinfachungen lauten zunächst:
- Es soll ein radiales Laufrad mit rückwärts gekrümmter Beschaufelung betrachtet werden, d.h. es bestehen weder am Eintritt noch am Austritt axiale Geschwindigkeitskomponenten.
- Es wird eine 1-dimensionale Strömung vorausgesetzt, d.h. alle Strömungsgrößen hängen nur von der Koordinate r ab, nicht aber von x und φ. Dies vernachlässigt zwar die Einflüsse in der Nähe der Wand und der Beschaufelung, ist aber für das mittlere Strömungsverhalten eine gute Näherung. Die Näherung bedeutet aber nicht, dass keine Geschwindigkeitskomponenten in die beiden anderen Richtungen existieren, sie müssen (bei konstantem Radius) lediglich konstant sein.

Das typische Laufrad einer Kreiselpumpe hat im Schnitt etwa das folgende Aussehen:

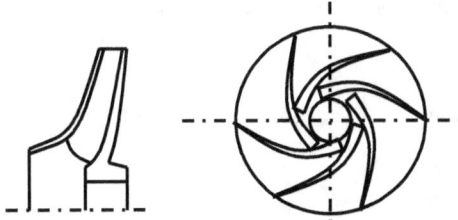

Man erkennt sofort an der Geometrie der Beschaufelung, dass obige Vereinfachungen möglicherweise nur bedingt für ein reales Laufrad gültig sind. Zu einer Verbesserung und zur Korrektur der Fehler kommen wir aber noch im weiteren Verlauf der Betrachtungen.

Der Drehimpulserhaltungssatz wird nun auf die Absolutströmung und an einem um die Beschaufelung gelegten Kontrollvolumen angewendet.

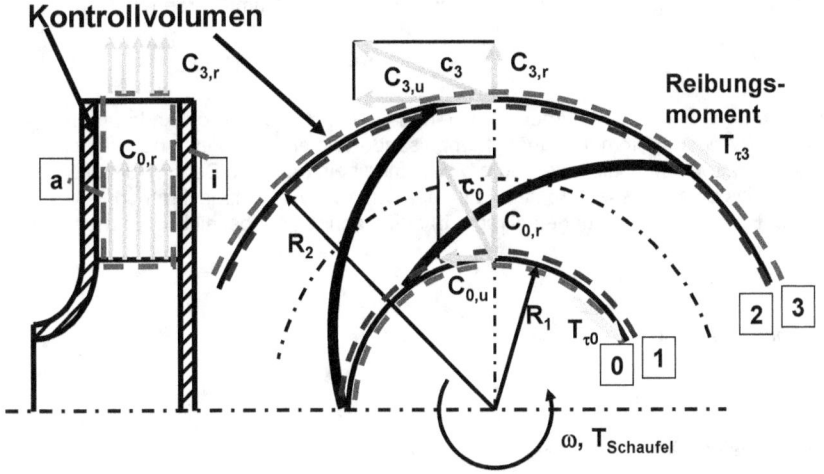

Die Nummerierung ist dabei wie folgt:
0: Ebene direkt vor Eintritt in die Beschaufelung
1: Ebene direkt nach Eintritt in die Beschaufelung
2: Ebene direkt vor Austritt aus der Beschaufelung
3: Ebene direkt nach Austritt aus der Beschaufelung

Die Schaufelleistung berechnet sich aus dem Schaufelmoment $T_{Schaufel}$ und der Winkelgeschwindigkeit ω.

$$P_{Schaufel} = T_{Schaufel} \cdot \omega \qquad (4.1)$$

Das Schaufelmoment ist dabei das vom Laufrad auf den durch die Beschaufelung strömenden Volumenstrom Q_{La} ausgeübte Druckmoment. Zur Ermittlung dieses Drehmomentes dient der Drehimpulssatz.

Für das Kontrollvolumen gilt wegen der Kontinuitätsgleichung die folgende Vorzeichenkonvention:

$$\dot{m}_0 > 0; \quad \dot{m}_3 < 0; \quad |\dot{m}_0| = |\dot{m}_3| \qquad (4.2)$$

Speziell für ein inkompressibles Fluid gilt:

$$\rho_0 = \rho_3 = \rho \qquad (4.3)$$

und damit

$$|\dot{m}_0| = |\dot{m}_3| = \rho Q_{La} \qquad (4.4)$$

Dieser Volumenstrom muss durch die innere und äußere Durchtrittsfläche (0 und 3) radial (d.h. senkrecht zu diesen Flächen) hindurch treten. Hieraus können unmittelbar die jeweiligen Radialkomponenten im Absolutsystem bestimmt werden.

$$Q_{La} = c_{3,r} \cdot 2\pi R_2 \cdot b = c_{0,r} \cdot 2\pi R_1 \cdot b \qquad (4.5)$$

Die Strömung besitzt einen Impuls und einen Drehimpuls, zu deren Änderung man eine Kraft bzw. ein Moment benötigt. Impulsänderung pro Zeiteinheit benötigt eine äußere Kraft, Drehimpulsänderung pro Zeiteinheit ein Moment. Den Impuls und den Drehimpuls eines Massenstromes kann man auch als Widerstandskraft oder -moment gegen Veränderungen (Trägheit) auffassen. Daher bezeichnet man mit

$$\vec{F}_I = \dot{m} \cdot \vec{c} \qquad (4.6)$$

die *Impulskraft* und mit

$$\vec{T}_I = \dot{m} \cdot (\vec{r} \times \vec{c}) \qquad (4.7)$$

das *Impulsmoment*.

Nur die Umfangskomponente der Absolutgeschwindigkeit c_u besitzt Drehimpuls in Bezug auf die Wellenachse. Der Drehimpuls an der Stelle 0 ist vom Betrag her:

$$T_{I,0} = \dot{m} c_{0,u} R_1 = \rho Q_{La} c_{0,u} R_1 \qquad (4.7)$$

Dementsprechend ist der Drehimpuls der Strömung an der Stelle 3:

$$T_{I,3} = \dot{m} c_{3,u} R_2 = \rho Q_{La} c_{3,u} R_2 \qquad (4.8)$$

Die Differenz des Drehimpulses der Strömung zwischen Austritt und Eintritt muss durch das äußere Schaufelmoment bewirkt werden. Dazu kommen noch die *bremsenden* Reibungsmomente an den Flächen 0 und 3. Sie werden durch Schubspannungen in Umfangsrichtung an den Flächen 0 und 3 ausgelöst.

$$T_{I,3} - T_{I,0} + T_{\tau,3} + T_{\tau,0} = T_{Schaufel} \qquad (4.9)$$

Das gleiche Ergebnis erhält man auch für ein beliebig geformtes Laufrad, wenn man am skizzierten Kontrollvolumen formal den vollständigen Drehimpulserhaltungssatz anwendet. Dieser lautet:

$$\iint_S \rho(\vec{c} \bullet \vec{n})(\vec{x} \times \vec{c}) dS = \iint_S (\vec{x} \times (\vec{\tau} - p\vec{n})) dS + \iiint_V (\vec{x} \times \rho \vec{k}) dV \qquad (4.10)$$

Man erkennt unmittelbar, dass in der obigen Gleichung (4.9) bereits die Wirkung der Volumenkraft (rechter Term in Gl. 4.10, hier die Schwerkraft) vernachlässigt wurde.

In der Praxis gilt außerdem sehr häufig, dass die Reibungsmomente klein gegen die Impulsmomente sind, d.h.

$$|T_{I,3} - T_{I,0}| \gg |T_{\tau,3} + T_{\tau,0}| \qquad (4.11)$$

Berücksichtigt man diese Vereinfachung, erhält man hieraus die folgende Beziehung für die Schaufelleistung:

$$P_{Schaufel} = \omega \rho Q_{La} (c_{3,u} R_2 - c_{0,u} R_1) \qquad (4.12)$$

Der Term ωR ist die Umfangsgeschwindigkeit u des Laufrades an den beiden Radien, so dass man auch schreiben kann:

$$P_{Schaufel} = \rho Q_{La} (c_{3,u} u_2 - c_{0,u} u_1) \qquad (4.13)$$

Eliminiert man in Gleichung (4.12) ω, erhält man die bekannte *Eulersche Turbinengleichung* oder *Eulersche Hauptgleichung*:

$$\vec{T} = \dot{m} (c_{3,u} R_2 - c_{0,u} R_1) \vec{k} \qquad (4.14)$$

Bis auf die bereits genannten Vereinfachungen ist Gleichung (4.13) sehr allgemein gültig. Man erkennt sofort, dass für die umgesetzte Leistung sowohl die Umfangsgeschwindigkeit des Laufrades u, als auch die tatsächliche Änderung der Umfangskomponente der Strömung c_u von entscheidender Bedeutung sind.

Die nutzbare theoretische spezifische Förderleistung (technische Arbeit) ist daher:

$$Y_{th} = \frac{P_{Schaufel}}{\dot{m}} = c_{3,u} u_2 - c_{0,u} u_1 \quad (4.15)$$

Unter Berücksichtigung der Stromführungsverluste erhält man die spezifische Förderleistung:

$$Y = \eta_h \left(c_{3,u} u_2 - c_{0,u} u_1 \right) \quad (4.16)$$

Es ist eine Eigenschaft von Strömungsmaschinen (Turbomaschinen), dass ihre Leistungsberechnung in einer derart übersichtlichen Form darstellbar ist.

4.2 Verallgemeinerung der Betrachtung

Nun werden beliebige Laufradformen *und* eine allgemeine, 3-dimensionale Strömung betrachtet. In diesem Fall muss anstelle des bislang verwendeten Mittelwertes das Geschwindigkeitsprofil mit den Mitteln der Differential- und Integralrechnung behandelt werden und das Ergebnis über das Kontrollvolumen bzw. dessen Oberfläche integriert werden (siehe Impulssatz 4.10).

Betrachten wir zunächst den Meridianschnitt mit der (gedachten) Meridianstromlinie. Wir setzen ein deutlich ausgeprägtes Geschwindigkeitsprofil voraus, das von den Koordinaten x und r abhängig ist und zudem am Ein- und Austritt deutliche Unterschiede in der Form aufweist. Die Meridianstromlinie hat hierbei die Bedeutung einer für die Strömung repräsentativen Stromlinie.

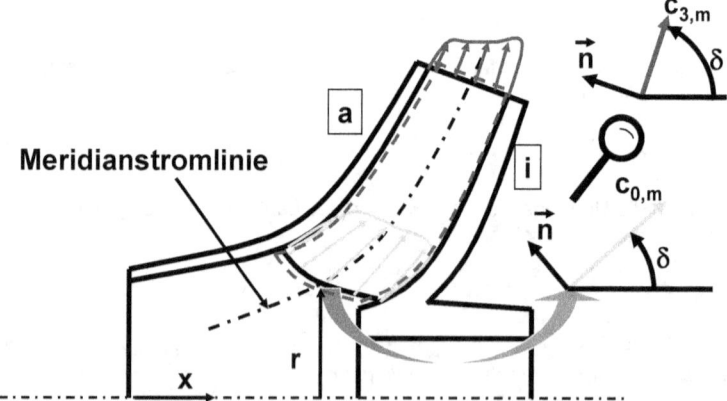

Im Laufradquerschnitt kann man zudem erkennen, dass auch in Umfangsrichtung die Geschwindigkeit nicht konstant ist, sondern dass die Beschaufelung das Profil auch in dieser Richtung beeinflusst.

Kontrollvolumen

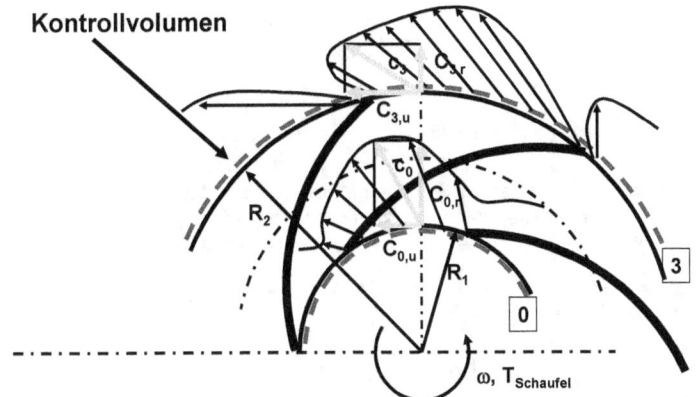

Der differentielle Drehimpuls eines Strömungsteilchens ist für diesen Fall:

$$dT_I = d\dot{m} \cdot c_u \cdot r = \rho \cdot c_m \cdot dA_n \cdot c_u \cdot r \qquad (4.17)$$

mit

$$dA_n = dn \cdot r \cdot d\varphi = \frac{dx}{\sin \delta} \cdot r \cdot d\varphi = \frac{dr}{\cos \delta} \cdot r \cdot d\varphi \qquad (4.18)$$

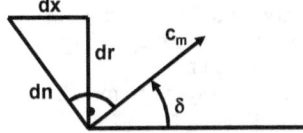

Der integrale Drehimpuls ist dementsprechend

$$T_I = \rho \cdot \iint \frac{c_m c_u r^2}{\sin \delta} dx d\varphi \qquad (4.19)$$

oder, in verkürzter Schreibweise

$$T_I = \rho \cdot Q_{La} \cdot \overline{\overline{c_u \cdot r}} \qquad (4.20)$$

wobei

$$\overline{\overline{c_u \cdot r}} = \frac{1}{Q_{La}} \cdot \iint_A \frac{c_m c_u r^2}{\sin \delta} dx d\varphi \qquad (4.21)$$

$$Q_{La} = \iint_A \frac{c_m r}{\sin \delta} dx d\varphi \qquad (4.22)$$

Aus dem Momentengleichgewicht erhält man unter Vernachlässigung der Reibungsschubspannungen die äquivalente Gleichung zur eindimensionalen Strömung:

$$T_{Schaufel} = T_{1,3} - T_{1,0} = \rho Q_{La} \left(\overline{\overline{(c_u \cdot r)}}_3 - \overline{\overline{(c_u \cdot r)}}_0 \right) \quad (4.23)$$

Die Schaufelleistung ist wieder das Produkt des Momentes mit der Winkelgeschwindigkeit der Welle, die zusammen mit dem Radius die Umlaufgeschwindigkeit des Laufrades am Ein- und Austritt bildet:

$$P_{Schaufel} = T_{Schaufel} \cdot \omega = \omega \rho Q_{La} \left(\overline{\overline{(c_u \cdot r)}}_3 - \overline{\overline{(c_u \cdot r)}}_0 \right) \quad (4.24)$$

$$P_{Schaufel} = \rho Q_{La} \left(\overline{\overline{(c_u \cdot u)}}_3 - \overline{\overline{(c_u \cdot u)}}_0 \right) \quad (4.25)$$

Die theoretische, spezifische Schaufelarbeit ist

$$Y_{th} = g_n H_{th} = \overline{\overline{(c_u \cdot u)}}_3 - \overline{\overline{(c_u \cdot u)}}_0 \quad (4.26)$$

und die tatsächliche spezifische Schaufelarbeit ist:

$$Y = g_n H = \eta_h \left(\overline{\overline{(c_u \cdot u)}}_3 - \overline{\overline{(c_u \cdot u)}}_0 \right) \quad (4.27)$$

Im Grunde erhält man also ein gar nicht so unterschiedliches Ergebnis zur zuvor berechneten vereinfachten Form. Die umgesetzte Leistung und die spezifische Schaufelarbeit hängen von der Änderung des Produktes aus Laufrad-Umfangsgeschwindigkeit und Umfangskomponente der einzelnen Strömungsteilchen ab. Die doppelten Querstriche sind die symbolische Darstellung eines Drehimpulsmittelwertes auf den beiden Radien R_1 und R_2. Die Auswertung der durch die Doppelstriche symbolisierten Integrale (4.21) und (4.22) ist dagegen nicht trivial, denn sie setzt die Kenntnis des gesamten Strömungsfeldes am Eintritt und am Austritt aus der Beschaufelung voraus. Man muss also zunächst numerisch das Strömungsfeld bestimmen, um dann die Momentenwirkung berechnen zu können.

Im Rahmen dieser Betrachtungen wird die exakte Lösung daher nur angedeutet. Man kann sich aber leicht vorstellen, dass man das wirkliche Ergebnis bereits gut approximieren kann, wenn man den Laufradkanal in genügend viele Stromröhren einteilt und innerhalb der Stromröhren mit gemittelten Größen rechnet, wie zuvor beschrieben.

4.3 Häufig vorkommende Spezialfälle
Drallfreie Zuströmung zum Laufrad
Drallfreie Zuströmung bedeutet, dass vor der Einströmung in die Beschaufelung keine Umfangskomponente vorliegt. Dieser Fall ist näherungsweise immer dann gegeben, wenn keine Vorleiteinrichtungen eingebaut sind, die der Strömung eine Umfangskomponente verleihen könnten. Dann gilt:

$$c_{u,o} = 0 \qquad (4.28)$$

und damit

$$Y_{th} = \overline{(c_u \cdot u)}_3 \qquad (4.29)$$

Achsparallele Lage der Austrittskante
In diesem Falle ist die Umfangsgeschwindigkeit des Laufrades an der Austrittskante konstant, d.h.

$$r = R_2 \neq f(x) \qquad (4.30)$$

Das durch die Doppelstriche symbolisierte recht komplexe Integral wird dadurch vereinfacht, da die Umfangsgeschwindigkeit vor das Integral gezogen werden kann:

$$\overline{(c_u \cdot u)}_3 = u_2 \cdot \overline{(c_{u,3})} \qquad (4.31)$$

mit

$$u_2 = \omega \cdot R_2 \qquad (4.32)$$

und

$$\overline{c_{u,3}} = \frac{R_2}{Q_{La}} \cdot \iint_{A_3} \frac{c_{m,3} c_{u,3}}{\sin \delta} dz d\varphi \qquad (4.33)$$

Auch hier gilt wieder: Lässt man die Doppelstriche weg, ergibt sich das Verhalten mit korrekt (d.h über den Drehimpuls) gemittelten Strömungsgrößen.

5 Bilanzen und Teilwirkungsgrade

Im nächsten Schritt sehen wir uns die Bilanzen an den Bauteilen der Kreiselpumpen näher an und bilden für die einzelnen (wichtigen) Verlustmechanismen eigene Wirkungsgrade. Damit können wir die Probleme voneinander trennen und die Optimierung der Bauteile bezüglich der Ursachen von Verlusten weitestgehend unabhängig voneinander durchführen.

5.1 Volumenstrombilanz

Durch das Laufrad strömt ein höherer Volumenstrom als der Pumpenvolumenstrom an den Stutzen. Dies hängt damit zusammen, dass die Spaltverluste und die Verluste durch die Entlastungsbohrungen von der Druck- zur Saugseite wieder in das Laufrad eintreten. Damit ergibt sich:

$$Q_{La} = Q + \underbrace{Q_{Sp} + Q_E}_{Leckagen} \qquad (5.1)$$

Die Wellenleistung wird also im Laufrad an einem höheren Volumenstrom aufgebracht, als es nach außen hin scheint. Daher führen die Leckagen auch zu einem erhöhten Bedarf an äußerer Leistung, also zu einem Gesamtwirkungsgradverlust.

5.2 Leistungsbilanz

Die aufzubringende Leistung an der Welle setzt sich zusammen aus den Verlusten durch mechanische Reibung (Lager, Stopfbuchsen, etc.), aus den Verlusten im Radseitenraum sowie der im Inneren des Laufrades am Fluid geleisteten Arbeit (Schaufel- oder Fluidleistung). Diese werden zur inneren Leistung zusammengefasst.

$$P_W = P_{V,mech} + \underbrace{P_{V,Radseitenreibung} + P_{Schaufel}}_{Pi} \quad (5.2)$$

Die Schaufelleistung setzt sich wiederum aus den Leistungsverlusten über Spalte, Strömungsführungsverlusten (d.h. hydraulische Verluste durch Reibung im Schaufelkanal und im Leitrad/Gehäuse) sowie der Nutzleistung am Fluid zusammen.

$$P_{Schaufel} = P_{V,Spalt} + P_{V,hydr} + P_{Nutz} \quad (5.3)$$

Hydraulische Verluste:

$$P_{V,hydr} = P_{V,La} + P_{V,Leit} \quad (5.4)$$

Die Nutzleistung ist:

$$P_{Nutz} = \rho \cdot Q \cdot Y = \rho \cdot g_n \cdot Q \cdot H \quad (5.5)$$

Die Schaufelleistung wird im Laufrad tatsächlich an das Fluid abgegeben und könnte theoretisch vollständig genutzt werden, daher die Bezeichnung theoretische spezifische Förderleistung Y_{th}.

$$P_{Schaufel} = \rho \cdot Q_{La} \cdot Y_{th} = \rho \cdot g_n \cdot Q_{La} \cdot H_{th} \quad (5.6)$$

Darstellung im Q-Y-Diagramm

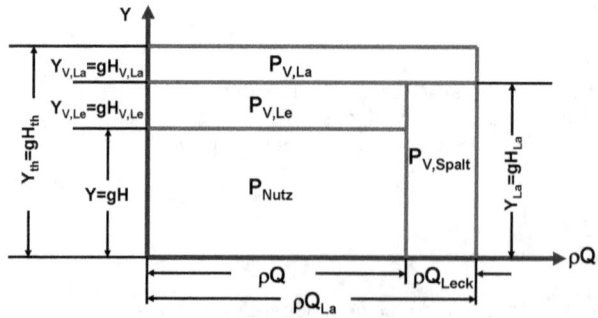

5.3 Teilwirkungsgrade
Der Gesamtwirkungsgrad hat die allgemeine Definition Nutzen zu Aufwand.

$$\eta = \frac{\rho g_n QH}{P_W} \quad (5.7)$$

Der mechanische Wirkungsgrad ist definiert durch:

$$\eta_{mech} = \frac{P_i}{P_W} = \frac{P_W - P_{V,mech}}{P_W} \quad (5.8)$$

Innerer Wirkungsgrad

$$\eta_i = \frac{P_{Nutz}}{P_i} = \frac{P_{Nutz}}{P_W - P_{V,mech}} \quad (5.9)$$

$$\eta = \eta_{mech} \cdot \eta_i \quad (5.10)$$

Radseitenreibungswirkungsgrad

$$\eta_{RSR} = \frac{P_W - P_{V,RSR}}{P_W} \quad (5.11)$$

Hydraulischer Wirkungsgrad

$$\eta_{hydr} = \frac{H}{H_{th}} \quad (5.12)$$

Volumetrischer Wirkungsgrad

$$\eta_{Vol} = \frac{Q}{Q_{La}} \quad (5.13)$$

Die Wirkungsgrade lassen sich zum Gesamtwirkungsgrad kombinieren:

$$\eta = \frac{\rho g_n QH}{P_W} \frac{P_{Schaufel}}{P_{Schaufel}} \quad (5.14)$$

$$\eta = \frac{\rho g_n QH}{P_W} \frac{P_W - P_{V,mech} - P_{V,RSR}}{\rho g_n Q_{La} H_{th}} \quad (5.15)$$

$$\eta = \eta_{Vol} \cdot \eta_{hydr} \cdot \left(1 - \frac{P_{V,mech}}{P_W} - \frac{P_{V,RSR}}{P_W}\right) \quad (5.16)$$

Damit ergibt sich für den Wirkungsgrad die folgende Abhängigkeit von den Teilwirkungsgraden.

$$\eta = \eta_{Vol} \cdot \eta_{hydr} \cdot (\eta_{mech} + \eta_{RSR} - 1) \quad (5.17)$$

6 Ähnlichkeit bei Kreiselpumpen

Es wäre nicht sehr sinnvoll und effektiv, wenn man technische Auslegungen jeweils für jede einzelne Maschine durchführen müsste. Man wird daher immer versuchen, Auslegungen so allgemeingültig wie möglich zu machen, um die Ergebnisse auf verschiedene Maschinengrößen übertragen zu können. Wenn man im Großmaschinenbau keine Möglichkeit hat, eine Neuauslegung vor Auslieferung an einen Kunden zu testen (und gegebenenfalls Korrekturen vorzunehmen), ist man darauf angewiesen Modellversuche im kleinen Maßstab durchzuführen, damit man deren Ergebnisse auf den großen Maßstab übertragen kann, bevor die teuere Einzelfertigung der großen Bauteile (mit langer Durchlaufzeit) begonnen hat.

In beiden Fällen (Baureihenauslegung und Modellversuche) ist es notwendig, die Übertragbarkeit und die Gesetze der Übertragung der Eigenschaften einer Maschine zu kennen, wenn man sie geometrisch ähnlich skaliert. Dies geschieht über die strömungsmechanischen Ähnlichkeitsgesetze.

Die Fragestellung lautet also:
1. Was muss beachtet werden, damit bei einer geometrisch ähnlichen Skalierung auch die physikalischen Eigenschaften einer Maschine übertragbar werden?
2. Wenn diese Übertragbarkeit der Eigenschaften gegeben ist, welche Gesetzmäßigkeiten liegen dieser Übertragung zu Grunde?

6.1 Hydrodynamische Ähnlichkeit

Es gibt verschiedene Arten der Ähnlichkeit, die beachtet werden müssen, wenn man Übertragbarkeit sicherstellen will. Grundsätzlich müssten zwei Systeme in allen unten aufgeführten Belangen ähnlich sein, damit eine vollständige (sozusagen „blinde") Übertragung zwischen geometrisch skalierten Systemen möglich ist. In der Regel ist es aber möglich, die Ähnlichkeitsforderung auf die Größen zu beschränken, die für die Funktion eines Systems wirklich wichtig sind, die dieses also in seinen Eigenschaften dominieren. Für andere, weniger das Problem bestimmende Größen kann man dann auf strenge Ähnlichkeit verzichten, ohne dass das Ergebnis falsch wird. Die Einschätzung, ob eine Größe im Vergleich zu anderen wichtig ist, lässt sich durch Betrachtung der Größenordnung und durch das Verhältnis zu anderen Größen beurteilen. Dazu werden dimensionslose Größen gebildet.

6.1.1 Geometrische Ähnlichkeit

Geometrische Ähnlichkeit ist die Grundvoraussetzung für eine Skalierung und für Modellversuche. Dabei werden streng genommen *alle* Längen im selben Maßstab oder Verhältnis vergrößert oder verkleinert. Den Faktor dieser Vergrößerung (oder Verkleinerung, was wir im folgenden Skalierung nennen werden) nennt man f_L.

$$f_L = \frac{L}{L'} \qquad (6.1)$$

Mit einem Strich soll im Folgenden immer die Originalgröße, ohne Strich dagegen die skalierte Größe gekennzeichnet werden (wobei es keine Rolle spielt, was Original und was Modell ist, da sowohl Verkleinerungen als auch Vergrößerungen möglich sind).

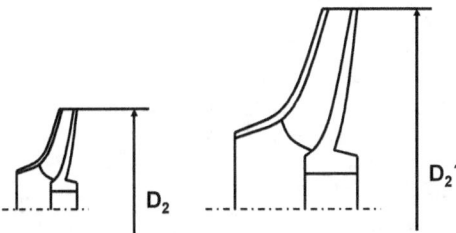

Probleme bei einer vollständigen geometrischen Skalierung treten dort auf, wo Längen funktions- oder herstellungsbedingt nicht (oder nur aufwendig) im selben Maßstab skaliert werden können wie die Hauptabmessungen. Beispiele hierfür sind:
- Die **Spaltweite** bei Dichtspalten: Dichtspalte können in der Regel nicht einfach verkleinert werden, weil sie bereits im Originalmaßstab funktions- und herstellungsbedingt so klein wie möglich gehalten werden, damit die Verluste minimiert werden. Folglich ist in der Regel ein Dichtspalt bei einem kleinen Modell im Verhältnis zu den Hauptabmessungen größer als beim Original. Daher ist der Wirkungsgrad von Modellen (ebenso wie der Wirkungsgrad der kleineren Maschine einer Baureihe) in der Regel kleiner als der der größeren Maschine. Diese Abweichung muss berücksichtigt bzw. zumindest abgeschätzt werden.
- Die **Oberflächenrauhigkeit**: Sie ist meist durch das Herstellverfahren bedingt (und somit eigentlich unerwünschter Nebeneffekt) und lässt sich nur dann beeinflussen, wenn man im Modell andere Herstellverfahren wählt als beim Original. Alternativ können die Oberflächen des kleinen Modells in einem begrenzten Bereich nachbehandelt werden, um den Effekt zu mindern. Denkbar sind Beschichtungen oder Polieren. Beide Maßnahmen können aber durch die Zugänglichkeit (z.B. im Laufradinneren) stark eingeschränkt sein.

Den Effekt aus dieser anderen Skalierung („im Kleinen") berücksichtigt man über separate Skalierungsfaktoren und schätzt deren Effekte dann bei der Übertragung ab, also z.B.:

Für Spaltweiten, etc.:

$$\frac{s}{D_2} \neq \frac{s'}{D_2'} \quad (6.2)$$

$$f_{L,s} = \frac{s}{s'} \quad (6.3)$$

Für die Rauhigkeit (trotz Rechtschreibreform: Das Fugen-*h* erleichtert die Wortaussprache!):

$$\frac{k_x}{D_2} \neq \frac{k_x'}{D_2'} \quad (6.4)$$

$$f_{L,k} = \frac{k_x}{k_x'} \quad (6.5)$$

6.1.2 Kinematische Ähnlichkeit

Kinematische Ähnlichkeit bedeutet eine Ähnlichkeit in den Geschwindigkeitsverhältnissen. Nachdem Geschwindigkeiten Vektoren sind (Betrag und Richtung), ist die kinematische Ähnlichkeit gleichzusetzen mit einer geometrischen Ähnlichkeit der lokalen Geschwindigkeitsdreiecke:

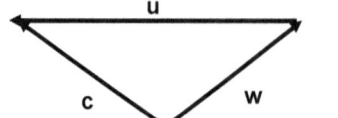
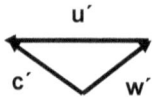

Kinematische Ähnlichkeit bedeutet also gleiches Verhältnis aller Geschwindigkeiten:

$$f_k = \frac{c}{c'} \quad (6.2)$$

Ebenso:

$$f_k = \frac{u}{u'} = \frac{w}{w'} \quad (6.3)$$

Nachdem der Winkel zwischen der Laufradumfangsgeschwindigkeit u und der Relativgeschwindigkeit w durch die Laufradgeometrie und die bereits vorausgesetzte geometrische Ähnlichkeit vorgegeben ist, ist die Forderung der kinematischen Ähnlichkeit bereits dann erfüllt, wenn eines der Seitenlängenverhältnisse der Dreiecke (c oder w) zur Umfangsgeschwindigkeit (Verhältnis c/u oder w/u) zwischen Modell und Originalmaßstab gleich ist, anders ausgedrückt, wenn der Durchsatz auf die Drehzahl abgestimmt ist. Das ist aber immer erfüllbar ohne die dritte Stufe (dynamische Ähnlichkeit) zu berühren und muss daher gar nicht explizit geprüft werden. Implizit ist kinematische in geometrischer Ähnlichkeit enthalten.

6.1.3 Dynamische Ähnlichkeit

Dynamische Ähnlichkeit bedeutet Ähnlichkeit in den beteiligten *typischen Kräften* und den Beschleunigungen. Wenn dynamische Ähnlichkeit vorliegt, sind die Kraftverhältnisse aller Kräfte, die ein Strömungsteilchen auf einer Stromlinie „sieht", in der Originalgröße und in der skalierten Größe ebenfalls gleich (auch Kräfte sind Vektoren!). Resultierende Kräfte und Beschleunigungen sind parallel zueinander, daher sind die Kräftedreiecke (wie die Geschwindigkeitsdreiecke der kin. Ähnlichkeit) zueinander ähnlich. Dynamische Ähnlichkeit bedeutet daher, dass auch die Kräfte, die eine Strömung auf feste Wände ausübt, skalierbar sind. Somit ist die dynamische Ähnlichkeit entscheidend für einen ähnlichen Energie- und Leistungsumsatz und für Strömungsmaschinen als Forderung besonders wichtig. Allerdings wird es gerade bei der dynamischen Ähnlichkeit sehr schwierig, eine Skalierbarkeit für *alle* Kräfte zu erreichen. Dies ist allerdings in den meisten Fällen gar nicht nötig, da es ausreicht, wenn man nur die wesentlichen (das Verhalten bestimmenden) Kräfte skaliert. Zur Beurteilung, welche Kraft in einer bestimmten Strömungssituation wichtig ist und welche nicht, muss man dimensionslose Kennzahlen verwenden, die die Kräfte zueinander ins Verhältnis setzen.

Die wichtigsten in einem strömungsmechanischen Problem auftretenden Kräfte sind:
- Massenkräfte (Impuls- oder Trägheitskräfte) F_m
- Druckkräfte F_D
- Reibungskräfte F_R
- Feldkräfte (z.B. Schwerkraft) F_g
- Kompressionskräfte (nur bei kompressibler Strömung) F_k

Eine exakte dynamische Ähnlichkeit liegt vor, wenn sich alle Kräfte im selben Verhältnis skalieren.

$$f_F = \frac{F_m}{F'_m} = \frac{F_D}{F'_D} = \frac{F_R}{F'_R} = \frac{F_g}{F'_g} = \frac{F_k}{F'_k} \qquad (6.4)$$

Setzt man dementsprechend zwei verschiedene Kräfte ins Verhältnis, müssen auch diese Verhältnisse bei einer Skalierung gleich bleiben:

$$\frac{F_D}{F_m} = \frac{F'_D}{F'_m} \qquad (6.5)$$

Diese Kraftverhältnisse sind strömungsmechanisch gesehen bedeutende dimensionslose Größen und haben eine feste Definition und Eigennamen (nach berühmten Strömungsmechanikern, Thermodynamikern, Physikern oder Mathematikern benannt) erhalten. Die anderen Kräfte werden zu den Massenkräften ins Verhältnis gesetzt, daher gibt es genau vier Kennzahlen:
- Eulerzahl Eu
- Reynoldszahl Re
- Froudezahl Fr
- Machzahl Ma

Die **Machzahl** ist nur bei kompressibler Strömung wichtig und wird daher bei hydraulischen Maschinen immer vernachlässigt, denn die Dichte ist konstant. Ihr Quadrat ist das Verhältnis der Massenkraft zur Kompressionskraft.

$$Ma^2 = \frac{F_m}{F_k} = Ma'^2$$

In thermischen Turbomaschinen ist sie die wichtigste Kennzahl.

Die **Eulerzahl** setzt die Druckkräfte mit den Massenkräften ins Verhältnis. Als Massenkraft tritt wie bei den anderen Fällen die Trägheitskraft (Impulskraft) auf, die ein Strömungsteilchen erfährt (Beschleunigung oder Verzögerung).

$$Eu = \frac{F_D}{F_m} = Eu' \qquad (6.6)$$

Die Eulerzahl wird bei Strömungsmaschinen aus historischen Gründen durch die unwesentlich anders definierte, aber gleichbedeutende **Druckzahl** ersetzt.

Die **Reynoldszahl** stellt das Verhältnis der Trägheitskräfte (Massenkräfte) zu den Zähigkeitskräften dar. Sie beschreibt, ob die Strömung durch hohe Zähigkeit (laminare Strömungen und Strömungen im Übergangsbereich) oder durch hohe Trägheitskräfte bestimmt wird. Eine Strömung mit kleiner Reynoldszahl wird durch die Zähigkeit des Mediums dominiert, wobei kleine Reynoldszahl ein relativer Begriff ist. Unter Re = 2500 verhält sich eine Rohrströmung (allseits umschlossen von festen Wänden) sehr zäh und ist im allgemeinen laminar. Der Bereich hoher Reynoldszahlen beginnt dafür erst bei Re = $10^5...10^6$, d.h. Eigenschaften, die aus der Zähigkeit der Flüssigkeit kommen, werden erst ab dieser Größenordnung der Reynoldszahl vernachlässigbar.

$$\mathrm{Re} = \frac{F_m}{F_R} = \mathrm{Re}' \qquad (6.7)$$

Das Quadrat der **Froudezahl** ist das Verhältnis der Massenkräfte zu den Feldkräften. An Feldkräften kommt im Strömungsmaschinenbau fast nur die Schwerkraft in Frage, die wiederum innerhalb einer Strömungsmaschine selten eine bedeutende Rolle spielt. Folglich wird man in der Regel auf eine Ähnlichkeitsbedingung bezüglich der Froudezahl am ehesten verzichten können, besonders bei thermischen Maschinen, weil da die Dichte kleiner ist als bei hydraulischen Maschinen. Lediglich bei sehr großen Skalierungsunterschieden (also bei sehr großen Originalen und kleinen Modellen) spielt auch die Schwerkraft eine gewisse Rolle. Als Beispiel sei eine größere Laufwasserturbine angeführt, bei der die Größe des Laufrades die gleiche Größenordnung wie die Nutzfallhöhe hat, also ca. 5-10 m. In diesem Falle kann der Einfluss der Schwerkraft nicht mehr vernachlässigt werden.

$$Fr^2 = \frac{F_m}{F_g} = Fr'^2 \qquad (6.8)$$

Im Allgemeinen kann man die Geschwindigkeitsdreiecke einer hydraulischen Maschine in Abhängigkeit nur dieser drei dimensionslosen Größen darstellen:

$$\frac{c}{u} = f(Eu, \mathrm{Re}, Fr) \qquad (6.9)$$

Die Froude-Ähnlichkeit ist dabei insofern problematisch, dass sich die Schwerkraft nicht mit der Größe des Objektes skalieren lässt, denn die resultierende Beschleunigung (Dynamik) ist immer gleich groß, unabhängig von typischer Länge oder Geschwindigkeit der Strömung: Die Erdbeschleunigung. Außer bei großen Turbinen wird also auch die Froude-Ähnlichkeit nicht berücksichtigt. Es bleiben daher nur noch zwei Kennzahlen im Spiel, *Eu* und *Re*.

Damit die genannten Größen auch unabhängig von der tatsächlichen Bauart einer Strömungsmaschine zu vergleichbaren (typischen) Zahlenwerten führen, müssen die darin enthaltenen, dimensionsbehafteten Größen als typische Größen einheitlich definiert werden. Dies gilt auch dann, wenn die typischen Größen in einer Weise gebildet werden, dass sie „in Wirklichkeit" gar nicht in der Strömungssituation als exakte physikalische Größen auftauchen.

Betrachtet man zum Beispiel eine typische Abmessung wie den Laufraddurchmesser, kann man mit einer solchen Abmessung eine typische Fläche (z.B. als Kreisfläche) ermitteln und daraus wiederum eine typische

Durchtrittsgeschwindigkeit, wenn man annimmt, dass diese Fläche von einem bestimmten Volumenstrom durchströmt wird. Nachdem bei geometrischer Ähnlichkeit alle anderen Abmessungen mit dem gleichen Faktor skaliert sind, erhält man mit diesem Verfahren zwar nicht unbedingt eine physikalische Geschwindigkeit, aber zumindest die richtige *Größenordnung* der auftretenden Geschwindigkeiten.
Vorteilhaft ist an dieser Vorgehensweise aber, dass auch unterschiedliche Bauarten miteinander verglichen werden können.
Für die typischen Strömungsgrößen legen wir daher die folgende **Konvention** fest:

Als **typische Länge** wird immer der **Außendurchmesser D_2** des rotierenden Laufrades betrachtet, unabhängig davon, ob es sich um eine Maschine radialer oder axialer Bauart handelt.

$$L = D_2 \qquad (6.10)$$

Mit dieser Länge bilden wir eine typische Fläche (Kreisfläche des axial projizierten Laufrades) und leiten damit die **typische Geschwindigkeit c** ab:

$$c = \frac{Q}{\frac{\pi}{4} D_2^2} \qquad (6.11)$$

Die **typische Geschwindigkeit** ist die **Umfangsgeschwindigkeit u** des Laufrades und wird ebenfalls mit dem Außendurchmesser gebildet:

$$u = \pi n D_2 = u_2 \qquad (6.12)$$

Das typische Verhältnis c/u ist demnach

$$\frac{c}{u} = \frac{Q}{\frac{\pi^2}{4} n D_2^3} \qquad (6.13)$$

Dieses Verhältnis ist dimensionslos und wird **Durchflusszahl φ** genannt.

$$\varphi = \frac{c}{u} = \frac{Q}{\frac{\pi^2}{4} n D_2^3} \qquad (6.14)$$

Im Strömungsmaschinenbau ist es üblich, anstelle der Eulerzahl die leicht abweichend definierte **Druckzahl ψ** zu verwenden. Sie setzt die gesamte Druckerhöhung mit dem Anteil kinetischer Energie aus der Laufrad-Umfangsgeschwindigkeit ins Verhältnis. Im Zähler der Druckzahl steht daher die gesamte Energieerhöhung in der Pumpe, umgerechnet auf einen Druck:

$$\psi = \frac{\underset{E \to A}{\Delta}\left(p_{stat} + \rho\frac{c^2}{2} + \rho gz\right)}{\frac{\rho}{2}u_2^2} \qquad (6.15)$$

$$\psi = \frac{2Y}{u_2^2} \qquad (6.16)$$

Für die **Reynoldszahl** und die **Froudezahl** legen wir damit fest:

$$\mathrm{Re} = \mathrm{Re}_u = \frac{D_2 u_2}{\nu} \qquad (6.17)$$

$$Fr = Fr_u = \frac{u_2}{\sqrt{gD_2}} \qquad (6.18)$$

In vielen Fällen kann man aber den Einfluss der Froudezahl vernachlässigen, so dass nur gilt:

$$\varphi = f(\psi, \mathrm{Re}_u, Fr_u) = f(\psi, \mathrm{Re}_u) \qquad (6.19)$$

Eine Übertragungsfähigkeit der Ergebnisse zwischen geometrisch ähnlichen Pumpen liegt daher in den meisten Fällen dann vor, wenn man sie bei gleicher Umfangsreynoldszahl betreibt. In diesem Fall ist die Druckzahl bei gleicher Durchflusszahl die gleiche.

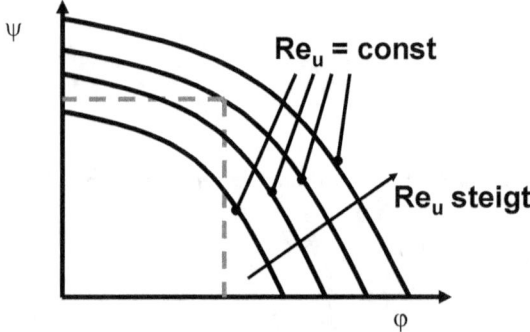

Gleiche Umfangsreynoldszahl bedeutet aber auch, dass eine kleinere (Modell-) Maschine eine größere Laufrad-Umfangsgeschwindigkeit besitzt, so dass die Drehzahl größer sein muss.

6.2 Abhängigkeit der wesentlichen Größen bei vorliegender Ähnlichkeit

Im Falle geometrischer Ähnlichkeit, gleicher Umfangsreynoldszahl und gleicher Durchflusszahl skalieren sich die wesentlichen Größen (Q, H, Y und P) wie folgt:

Durchfluss Q:

Es gilt:

$$\varphi = \varphi' \qquad (6.20)$$

und daher

$$\frac{Q}{Q'} = \left(\frac{D_2}{D_2'}\right)^3 \cdot \frac{n}{n'} \qquad (6.21)$$

Die typische Länge geht also in der dritten Potenz ein, die Drehzahl linear.

Förderhöhe H, spezifische Förderleistung Y und hydraulischer Wirkungsgrad η_h:

Es gilt:

$$\psi = \psi' \qquad (6.22)$$

und daher

$$\frac{H}{H'} = \frac{Y}{Y'} = \left(\frac{u_2}{u_2'}\right)^2 = \left(\frac{D_2}{D_2'}\right)^2 \cdot \left(\frac{n}{n'}\right)^2 \qquad (6.23)$$

Die typische Länge geht also quadratisch ein, die Drehzahl ebenfalls.
Dies gilt dann auch für die *theoretische spezifische Förderleistung*, nachdem aufgrund kinematischer Ähnlichkeit auch $c_u \sim u$ gilt:

$$Y_{th} = (uc_u)_3 - (uc_u)_0 \sim u_2^2$$

$$\frac{Y_{th}}{Y_{th}'} = \frac{H_{th}}{H_{th}'} = \left(\frac{u_2}{u_2'}\right)^2 = \left(\frac{D_2}{D_2'}\right)^2 \cdot \left(\frac{n}{n'}\right)^2 \qquad (6.24)$$

Daher ist auch der hydraulische Wirkungsgrad bei exakter Ähnlichkeit identisch, denn es gilt

$$\eta_h = \frac{H}{H_{th}} \qquad (6.25)$$

und mit

$$\frac{H}{H_{th}} = \frac{H'}{H'_{th}} \qquad (6.26)$$

auch

$$\eta_h = \eta'_h \qquad (6.27)$$

Der hydraulische Wirkungsgrad von Modell und Original ist also bei geometrischer und gleichzeitiger Reynoldszahl-Ähnlichkeit identisch, gleiches gilt für den inneren Wirkungsgrad der Pumpe (Wellenleistung ohne mechanische Verluste).

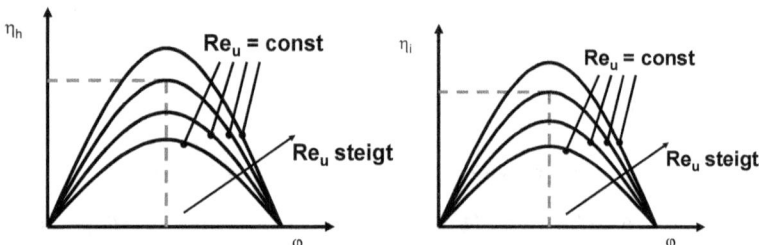

Für die Skalierung der inneren Leistung können die Verhältnisse wie folgt angegeben werden.
Die Leistungszahl ist definiert mit:

$$\lambda_i = \frac{\varphi \psi}{\eta_i} \qquad (6.28)$$

In dimensionsbehafteten Größen lässt sie sich als Funktion der inneren Leistung darstellen:

$$\lambda_i = \frac{1}{\eta_i} \cdot \frac{Q}{\frac{\pi^2}{4} D_2^3 n} \cdot \frac{gH}{u_2^2} \cdot \frac{\rho}{\rho} = \frac{P_i}{\frac{\pi}{4} D_2^2 \frac{\rho}{2} u_2^3} = \lambda_i' \qquad (6.29)$$

Bei gleicher Druckzahl bedeutet das für die Skalierung der inneren Leistung den Zusammenhang:

$$\frac{P_i}{P_i'} = \frac{\rho}{\rho'} \cdot \left(\frac{n}{n'}\right)^3 \cdot \left(\frac{D_2}{D_2'}\right)^5 \qquad (6.30)$$

Die Drehzahl geht daher in der dritten, die Länge sogar in der 5. (!!) Potenz in die Leistung ein. Durch eine Skalierung der Baugröße im Maßstab 1:16 (ca.) werden daher aus Megawatt-Leistungen nur noch Watt-Leistungen!

Die dimensionslose Leistungszahl kann also ebenfalls vom Modell zur Wirklichkeit übertragen werden:

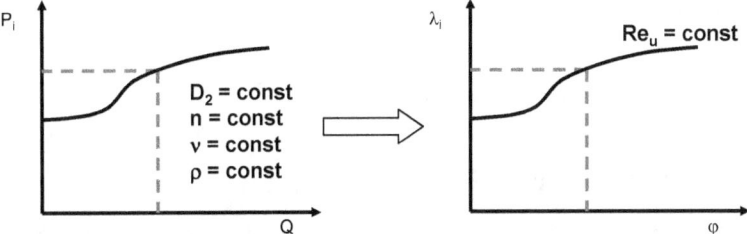

Die Abhängigkeit aller Größen von der Umfangsreynoldszahl nimmt mit steigender Reynoldszahl allerdings ab, d.h. eine Änderung der Reynoldszahl wirkt sich bei hohen Werten derselben weniger stark aus. Dies kann man erkennen, wenn man anstelle der Auftragung über der Durchflusszahl diese festhält und alle Größen über der Reynoldszahl aufträgt (z.B. Druckzahl):

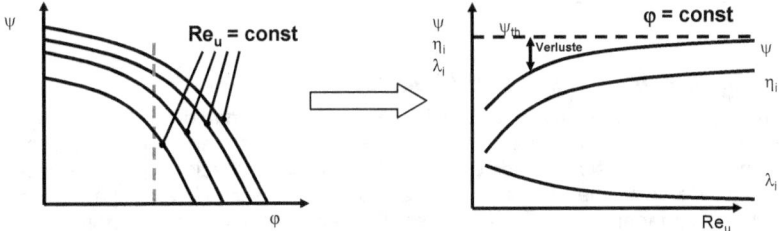

Für genügend große Reynoldszahlen kann aus diesem Diagramm auch unmittelbar der Schluss gezogen werden, dass eine weitere Vergrößerung der Umfangs-Reynoldszahl die anderen Kennzahlen nicht mehr ändert. Dies bedeutet, dass eine Pumpe, die bereits eine hohe Reynoldszahl aufweist, bei einem Antrieb mit einem stärkeren Motor (d.h. bei höherer Drehzahl) ihre Kennzahlen nicht mehr wesentlich ändert. Als Anhaltswert kann man eine Grenze von $Re_u > 10^7$ betrachten. Für Reynoldszahlen über diesem Grenzwert braucht die Reynoldszahlabhängigkeit der dimensionslosen Zahlen nicht mehr betrachtet zu werden, unter diesem Grenzwert muss man bei Betrieb der Pumpe mit unterschiedlichen Antrieben dagegen die Reynoldszahlauf- oder abwertung durchführen. In der Praxis verwendet man die beschriebenen Skalierungsformeln und korrigiert dann das Ergebnis anhand der veränderten Reynoldszahl.

Anmerkung: Vorgehensweise und Grund für das Vorgehen sind ähnlich wie bei der Berechnung einer Rohrreibungszahl. Auch diese wird mit wachsender Reynoldszahl „unempfindlich" gegen Änderungen der Reynoldszahl, so dass man zur Berechnung des Druckverlustes und des sich einstellenden Volumenstromes zunächst einen Näherungswert einsetzt und dann eine Korrektur des Ergebnisses aufgrund der veränderten Reynoldszahl durchführt.

Zusammenfassung

Umrechnungsfaktoren bei geometrischer, kinematischer und dynamischer Ähnlichkeit:

Für den Volumenstrom:

$$\frac{Q}{Q'} = \left(\frac{n}{n'}\right) \cdot \left(\frac{D_2}{D_2'}\right)^3 = f_L^2 \cdot f_k \qquad (6.31)$$

Für die Förderhöhe und die spezifische Leistung:

$$\frac{Y}{Y'} = \frac{H}{H'} = \left(\frac{n}{n'}\right)^2 \cdot \left(\frac{D_2}{D_2'}\right)^2 = f_k^2 \qquad (6.32)$$

Für die innere Leistung:

$$\frac{P_i}{P_i'} = \frac{\rho}{\rho'} \cdot \left(\frac{n}{n'}\right)^3 \cdot \left(\frac{D_2}{D_2'}\right)^5 = \frac{\rho}{\rho'} \cdot f_L^2 \cdot f_k^3 \qquad (6.33)$$

6.3 Spezifische Drehzahl und Laufradform

Aufgrund der vorhandenen Ähnlichkeitsbeziehungen kann man durch Einführung einer weiteren Größe, der *spezifischen Drehzahl*, die Bauformen abschätzen. Hierzu wird eine fiktive Vergleichspumpe definiert. Die Ähnlichkeitsbeziehungen führen uns darauf, dass eine solche Pumpe auch eine bestimmte typische Drehzahl aufweisen wird um die genannten Daten zu erreichen. Diese bestimmt also die Bauform.
Frage: Mit welcher Drehzahl müsste eine geometrisch ähnliche Pumpe betrieben werden (fiktive Vergleichspumpe), die einen Volumenstrom von 1 m³/s und eine Förderhöhe von 1m besitzt?

Die fiktive Vergleichspumpe ist durch folgende Daten gekennzeichnet:

$$Q_q = 1\frac{m^3}{s}$$
$$H_q = 1m \qquad (6.34)$$

Die Ähnlichkeitsbeziehungen liefern:

$$Q \cong D_2^3 \cdot n$$
$$H \cong D_2^2 \cdot n^2 \qquad (6.35)$$

Eliminieren des Durchmessers aus diesen beiden Beziehungen liefert:

$$D_2 \cong Q^{\frac{1}{3}} \cdot n^{-\frac{1}{3}}$$
$$D_2 \cong H^{\frac{1}{2}} \cdot n^{-1} \qquad (6.36)$$

$$n^{-\frac{2}{3}} H^{\frac{1}{2}} = Q^{\frac{1}{3}} \qquad (6.37)$$

$$n \cong Q^{-\frac{1}{2}} H^{\frac{3}{4}} = \frac{H^{\frac{3}{4}}}{Q^{\frac{1}{2}}} \qquad (6.38)$$

Die Drehzahl der fiktiven Vergleichspumpe, also die spezifische Drehzahl n_q, lässt sich aus dieser Beziehung direkt ableiten:

$$\frac{n_q}{n} = \left(\frac{H_q}{H_{Opt}}\right)^{\frac{3}{4}} \left(\frac{Q_{Opt}}{Q_q}\right)^{\frac{1}{2}} \qquad (6.39)$$

Wenn man berücksichtigt, dass H_q und Q_q Einheitswerte sind, erhält man:

$$n_q = n \cdot \frac{\{Q_{Opt}\}^{\frac{1}{2}}}{\{H_{Opt}\}^{\frac{3}{4}}} \qquad (6.40)$$

wobei n_q und n in min^{-1} eingesetzt werden und für Q_{Opt} sowie H_{Opt} nur die Zahlenwerte in der Einheit m³/s bzw. m (symbolisiert durch geschweifte Klammern). Ein kleinerer Zahlenwert von n_q bedeutet eine radiale Ausprägung des Laufrades („Langsamläufer"), während ein höherer Wert dementsprechend auf axiale Bauform hinweist („Schnellläufer").

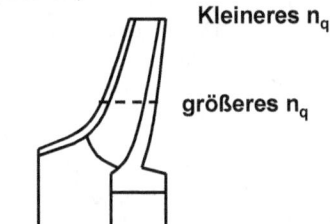

Kleineres n_q

größeres n_q

Ein äquivalenter Zahlenwert ist die dimensionslose *Schnellläufigkeit*, bei der die Einheiten korrekt eingesetzt werden, wodurch tatsächlich ein reiner Zahlenwert entsteht:

$$n_q^* = n \cdot \frac{Q_{Opt}^{\frac{1}{2}}}{Y_{Opt}^{\frac{3}{4}}} \qquad (6.41)$$

Die Beträge von n_q und n_q^* stehen dabei in einem festen Verhältnis, beide sind daher gleichwertige Aussagen:

$$\{n_q\} = 333 \cdot \{n_q^*\} \qquad (6.42)$$

(Lies: der Zahlenwert von n_q ist gleich dem Zahlenwert von n_q^* mal 333).

Ebenso ist in der Literatur die sog. *Laufzahl* σ bekannt, die direkt aus Durchfluss- und Druckzahl definiert ist (eigentlich die „sauberste" Definition):

$$\sigma = \frac{\varphi^{\frac{1}{2}}}{\psi^{\frac{3}{4}}} \qquad (6.43)$$

Dementsprechend ergibt sich der Zusammenhang mit n_q:

$$\sigma = \frac{n_q}{157,8\,\text{min}^{-1}} \qquad (6.44)$$

Im Folgenden werden wir allerdings die ältere und weiterhin gebräuchliche spezifische Drehzahl n_q verwenden. Zwischen der Bauform des Laufrades und der spezifischen Drehzahl (oder der Laufzahl) lässt sich ein charakteristischer Zusammenhang zeigen, wobei die Grenzen zwischen den Bauformen natürlich nicht als fest, sondern als fließend anzusehen sind.

	Laufzahl σ	Spez. Drehzahl n_q
Radialrad	0,06 ... 0,22	10 ... 35 1/min
Halbaxialrad	0,22 ... 1,0	35 ... 160 1/min
Axialrad	1,0 ... 2,5	160 ... 400 1/min

Die Überlappungen der Bauformen können dabei erheblich sein, so können beispielsweise Radialräder auch bis zu etwa 50 1/min gebaut werden, Axialräder können auch bereits ab 125 1/min zum Einsatz kommen.

Radialrad (Hochdruckrad), n_q = 10 ... 35 1/min

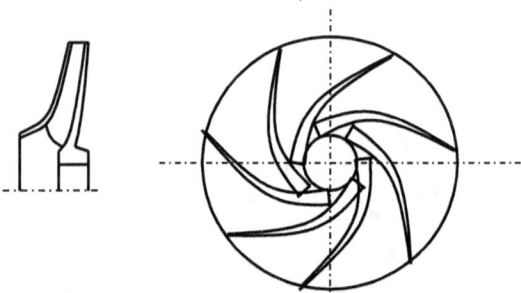

Halbaxiallrad (Schraubenrad, Diagonalrad), nq = 35 ... 160 1/min

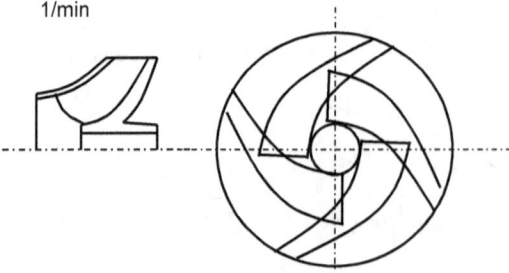

Halbaxiallrad (halbaxialer Propeller), nq = 35 ... 160 1/min

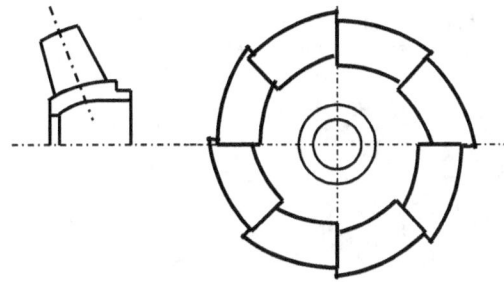

Axiallrad (axialer Propeller), nq = 160 ... 400 1/min

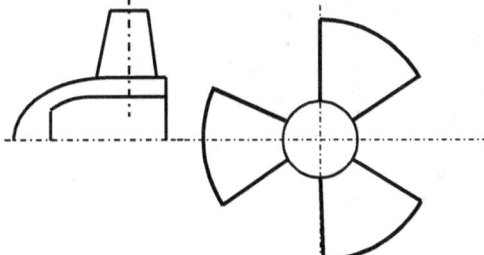

6.4 Auslegung nach Vorbildpumpe

Aufgrund dieses Zusammenhanges mit der Bauform ist es möglich, eine neu zu gestaltende Pumpe nach Vorbildpumpen auszulegen. Dies geschieht in mehreren Schritten:
1. Zunächst wird aus den gegebenen Größen Q_N, H_N und ggf. einer Drehzahl (z.B. bei Direktantrieben mit Netzfrequenz oder einem Teiler der Netzfrequenz) die spezifische Drehzahl ermittelt: Q_N, H_N, $n_N \Rightarrow n_q$
2. Dann werden Vorbildpumpen mit etwa gleicher spezifischer Drehzahl gesucht. Auswahlkriterien sind (in Abhängigkeit von der Anwendung) entweder ein möglichst hoher Wirkungsgrad der Vorbildpumpe oder ein günstiger NPSH-Wert oder eine Kombination aus beiden Bedingungen.
3. Diese Pumpe besitzt bestimmte Auslegungswerte Q', H', n'.
4. Anschließend werden die Baugrößenfaktoren festgelegt, d.h.

$$f_L = \left(\frac{Q_N}{Q'}\right)^{\frac{1}{3}} \cdot \left(\frac{n'}{n_N}\right)^{\frac{1}{3}} \text{ bzw. } f_L = \left(\frac{H_N}{H'}\right)^{\frac{1}{2}} \cdot \left(\frac{n'}{n_N}\right)$$

5. Zur Kontrolle wird die Gleichheit der Umfangs-Reynoldszahl überprüft, d.h. $Re_u = Re_u'$. Wenn diese Prüfung erfolgreich ist, ist man bereits fertig, wenn nicht, muss noch die Reynoldszahlauf- oder abwertung erfolgen (die hier nicht näher erläutert wird).
6. Kennlinien umrechnen und strömungsführende Konturen übertragen:
$$Q \cong D_2^3 n$$
$$H \cong D_2^2 n^2$$

Beispiel: Wirkungsgradoptimierung

Wirkungsgradoptimierung:
- Alle Pumpen in ein Diagramm eintragen
- Pumpe mit etwa gleicher Umfangsreynoldszahl suchen

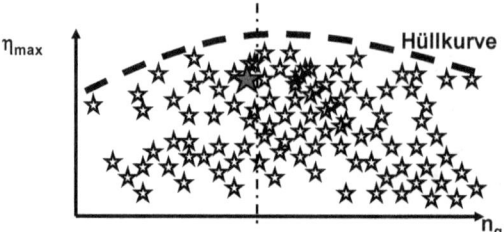

6.5 Mehrstufige und mehrflutige Ausführung

Wenn der Wert von n_q, der sich aus den Nenndaten ergibt, nicht in den „normalen" Bereich gängiger Pumpen fällt, besteht noch die Möglichkeit der mehrstufigen oder mehrflutigen Bauweise. Sehr kleine spezifische Drehzahlen (oder hohe Förderhöhen) können über eine mehrstufige Bauweise umgesetzt werden:

Zur Erzeugung noch höherer Drücke werden mehrere Laufräder hintereinandergeschaltet: **Mehrstufige** Bauart.

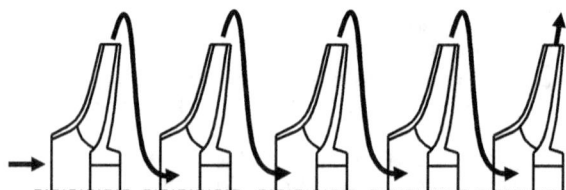

Die Förderhöhe der gesamten Pumpe wird dann näherungsweise gleich der Förderhöhe des einzelnen Laufrades mal der Zahl der Stufen i:

$$H_{Opt} = H_{Ges} = i \cdot H_{Stufe} \qquad (6.45)$$

Damit wird die spezifische Drehzahl des einzelnen Laufrades angehoben:

$$n_q = n \cdot \frac{Q_{Opt}^{\frac{1}{2}}}{H_{Opt}^{\frac{3}{4}}} \cdot i^{\frac{3}{4}} \qquad (6.45)$$

Im Falle einer zu hohen spezifischen Drehzahl für die gewünschte Bauform (d.h. ein zu hoher Volumenstrom) kommt die mehrflutige Bauweise in Frage. Zwei oder sogar mehrere Laufräder (oder Pumpen) werden dann parallel geschaltet.

Zur **Erhöhung des Volumenstromes** können Radial- und Halbaxialpumpen auch **doppelflutig** gebaut werden

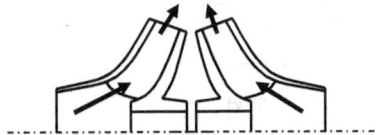

Normalerweise können in einem Gehäuse maximal zwei Laufräder doppelflutig untergebracht werden, sonst wird die Gehäuseform zu kompliziert. Wenn noch mehr Fluten benötigt werden, ist es auch kostenseitig meist günstiger ganze Pumpen parallel zu schalten, allerdings mit dem Nachteil, dass alle Pumpen auch getrennte Antriebe benötigen.

Mehrflutige und mehrstufige Bauarten führen in der Regel außerdem zu einem geringeren Wirkungsgrad als die Umsetzung der Nenndaten in nur einem Laufrad. Daher ist letztere nach Möglichkeit vorzuziehen.

Wenn man mit j die Zahl der Fluten bezeichnet, ergibt sich die spezifische Drehzahl des Einzelrades allgemein zu:

$$n_q = n \cdot \frac{Q_{Opt}^{\frac{1}{2}}}{H_{Opt}^{\frac{3}{4}}} \cdot \frac{i^{\frac{3}{4}}}{j^{\frac{1}{2}}} \qquad (6.46)$$

Vergleichsweise hohe Wirkungsgrade ergeben sich über weite Bereiche des Volumenstromes bei einer spezifischen Drehzahl zwischen etwa 35 und 70, d.h. vor allem für Halbaxialräder, wie das folgende qualitative Diagramm zeigt (Zahlenwerte sind nur typisch). Daher hat sich dieser Pumpentyp sehr gut im Markt behaupten können.

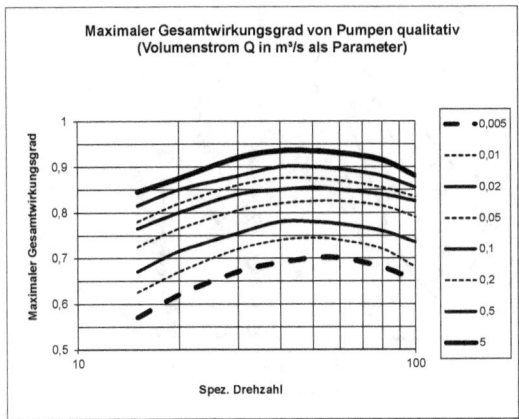

Grund für den Wirkungsgradabfall ist bei Pumpen mit niedriger spezifischer Drehzahl der Radseitenreibungsverlust, bei höheren spezifischen Drehzahlen dagegen der Schaufelverlust, wie das folgende qualitative Diagramm zeigt. Halbaxialräder haben also einen guten Wirkungsgrad, weil sie einen Kompromiss zwischen geringen Schaufelverlusten und geringen Radseitenreibungsverlusten darstellen.

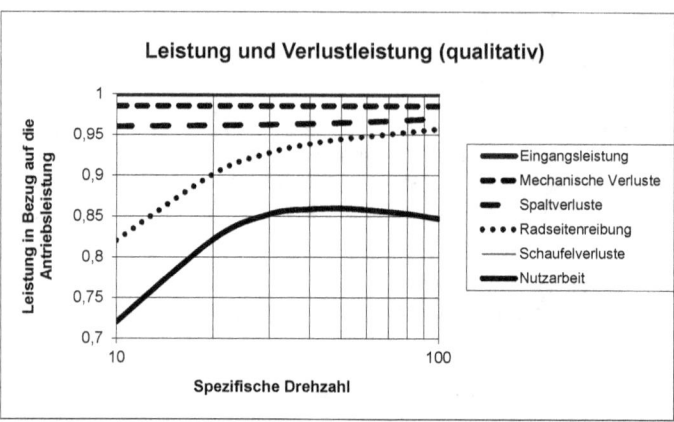

7 Einführung in den Neuentwurf von Kreiselpumpen
Entwurf des Laufrades und der Leitvorrichtungen

7.1 Vereinfachtes Berechnungsverfahren
Mit Hilfe der gegebenen Daten ist es möglich die Hauptabmessungen des Laufrades in einem vereinfachten Verfahren recht genau zu bestimmen. Dabei betrachtet man die Meridianströmung (d.h. die radial/axiale Schnittebene) und die zugehörigen Geschwindigkeitskomponenten in dieser Ebene sowie die Umfangskomponenten getrennt. Letztere ergeben die benötigten Schaufelwinkel, Erstere dagegen die äußere Kontur des Laufradkanales.

Meridianströmung

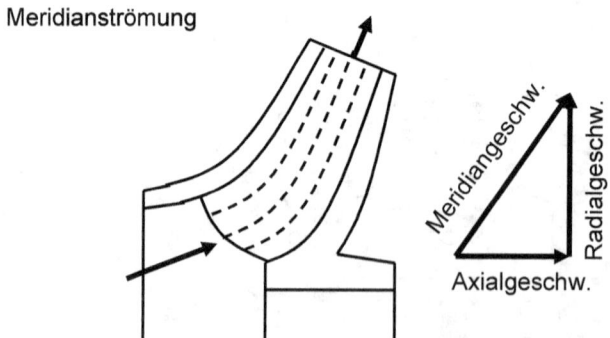

Zeichnet man nur den Schaufelkanal im Meridianschnitt heraus, müssen die folgenden Hauptabmessungen ermittelt werden.

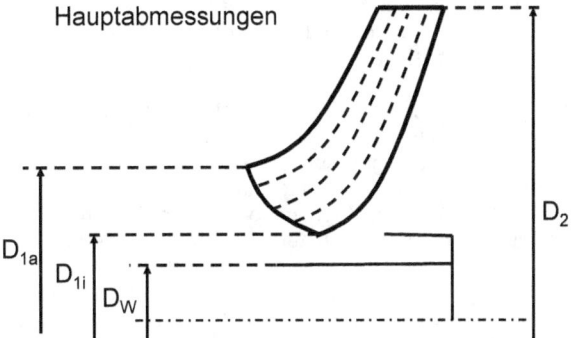

Hauptabmessungen

D_{1i} muss aus Festigkeitsgründen etwas größer sein als der Wellendurchmesser und sollte nicht zu groß sein. Hier ist also ein Minimalwert gesucht. Der äußere Eintrittsdurchmesser D_{1a} bestimmt das Kavitationsverhalten, er wird aus den geforderten Bedingungen bezüglich der Kavitation bestimmt. Der Laufradaustrittsdurchmesser D_2 bestimmt die Förderhöhe und wird aus den vorgegebenen Nenndaten ermittelt.

Aufteilung in Teilfluträder
Der Meridianschnitt wird in mehrere so genannte Teilfluträder unterteilt, in denen angenommen wird, dass die Geschwindigkeiten quer zu den Stromlinien jeweils konstant bleiben (nicht auf der Stromlinie!). In jedem dieser Teilfluträder setzt sich die Meridiankomponente der Absolutgeschwindigkeit aus der radialen und der axialen Komponente zusammen.

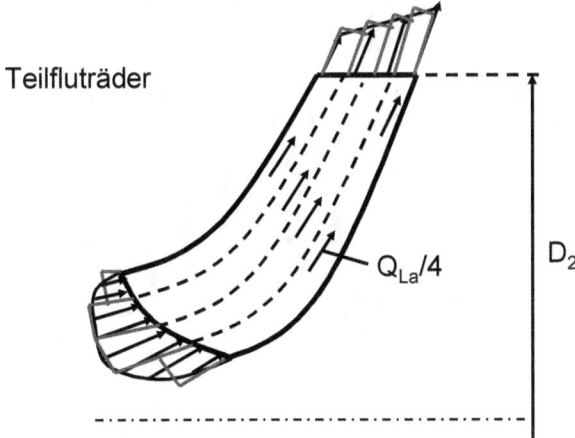

Teilfluträder

Die Trennstromlinien zwischen den Teilflurädern werden so ermittelt, dass in jedem Teilflutrad der gleiche Volumenstrom fließt. Dieses Verfahren kommt aus der Stromlinientheorie (Stromröhren), die voraussetzt, dass definitionsgemäß Flüssigkeitsteilchen eine Stromlinie nicht überschreiten. Dies funktioniert daher auch nur dann, wenn Bahnlinie und Stromlinie gleich sind, d.h. wenn stationäre Strömung (nicht zeitabhängig) angenommen werden kann.

Die mittlere Stromlinie eines Teilflutrades wird die Meridianstromlinie genannt. Auf ihr sind die Strömungsbedingungen als repräsentativ für den gesamten Querschnitt der Stromröhre anzusehen. Die Geschwindigkeitsdreiecke werden dann auf den Meridianstromlinien für jedes Teilflutrad einzeln ermittelt. Im Sinne einer vereinfachten Darstellung werden wir im Folgenden immer nur eine Stromröhre betrachten, d.h. das Laufrad nur in ein Teilflutrad unterteilen und die mittleren Geschwindigkeiten aus der Geometrie des Laufrades und den globalen Strömungsgrößen (Q, H) bestimmen. Die prinzipiell nötigen Schritte werden hier nur im Telegrammstil aufgeführt, Details sollten der Fachliteratur entnommen werden.

Nur ein Teilflutrad

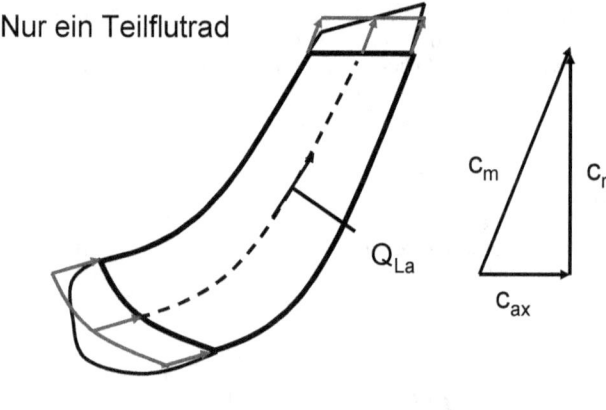

Zylinderkoordinaten: Meridianschnitt ist ein r-x- Schnitt (beliebiger Winkel φ)
Rotationssymmetrische Strömung (unabhängig vom Winkel φ)
Mittelwertbildung aller Größen über φ

Meridianschnitt in Zylinderkoordinaten

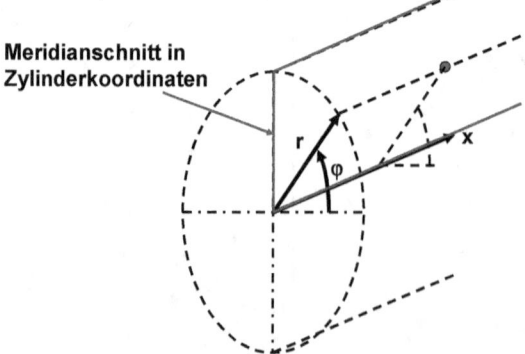

Senkrecht zur Meridianebene: Umfangskomponente
Meridianstromlinie liegt in der Mantelfläche eines Kegelstumpfes:
Meridianschnitt in Zylinderkoordinaten

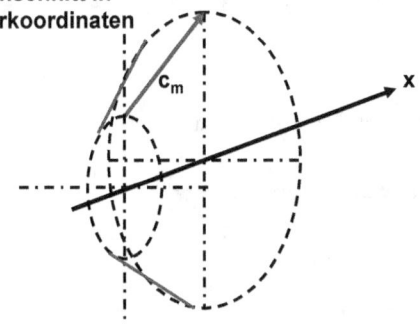

Meridiangeschwindigkeit + Umfangsgeschwindigkeit c_u = Absolutgeschwindigkeit c

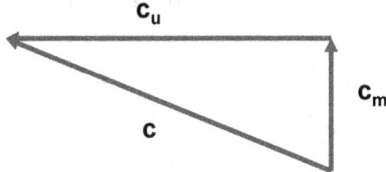

1. Eintritt:
Häufig: Drallfrei, d.h. $c_{u1} = 0$
$c_1 = c_{m1}$

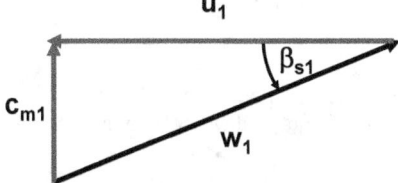

2. Austritt:
Aus Förderdaten:
Gefordert: H_N
Geschätzt: η_h

$$H_{th} = \frac{H_N}{\eta_h} \qquad (7.1)$$

$$Y_{th} = g_n H_{th} = \overline{(uc_u)}_3 - \overline{(uc_u)}_0 \qquad (7.2)$$

Drallfreie Zuströmung und achsparallele Austrittskante

$$c_{u3} = \frac{g_n H_{th}}{u_2} \qquad (7.3)$$

Bei „unendlich" vielen dünnen Schaufeln ohne Versperrung
$c_{u3} = c_{u2}$ (7.4)
$c_{m3} = c_{m2}$ (7.5)

Relativgeschwindigkeit w_2 und Schaufelwinkel $\beta_{S,2}$ am Austritt liegen fest:

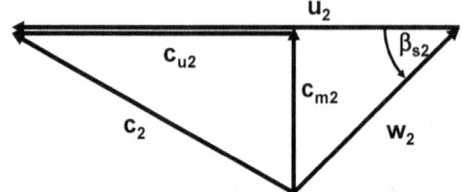

Schaufelwinkel β_{S2} und der Strömungswinkel β_3 sind in diesem Fall gleich (**schaufelkongruente Abströmung**).

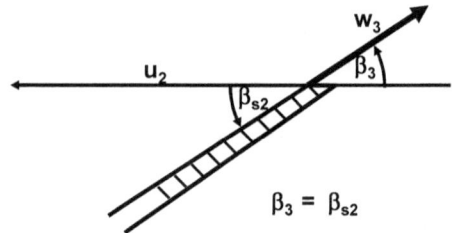

$\beta_3 = \beta_{s2}$

Wasserturbinen: Annahme schaufelkongruenter Abströmung in guter Näherung gültig
Pumpen: leider nicht.

Effekt der **Minderumlenkung** durch
- Wegfall der Versperrung der Schaufeln bei Austritt
- Druckdifferenz zwischen Saug- und Druckseite einer Schaufel

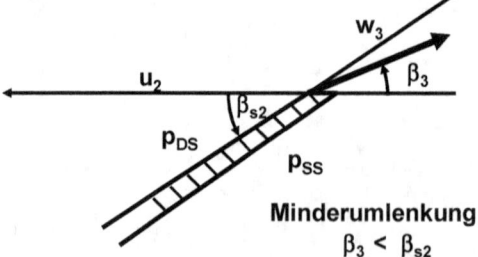

Minderumlenkung:
$\beta_3 < \beta_{s2}$

7.1.1 Die Minderumlenkung
Wegfall der Schaufelversperrung (endlich dicke Schaufeln):

Durchströmte Querschnittsfläche wird größer

$$c_{m2} = \frac{Q}{A_2} \quad (7.6)$$

$$c_{m3} = \frac{Q}{A_3} \quad (7.7)$$

$$A_2 < A_3 \quad (7.8)$$

Folge: Verkleinerung des Abströmwinkels

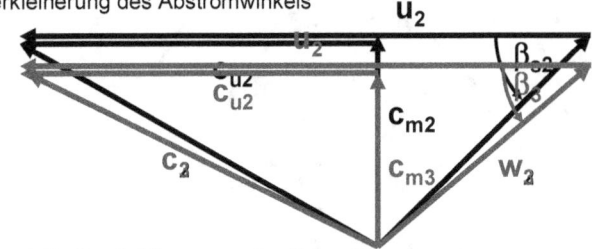

Dazu kommt die Druckdifferenz an der Schaufel:
Beschleunigung der Teilchen von Druckseite zur Saugseite hin bei Wegfall der Trennwand verkleinert c_u

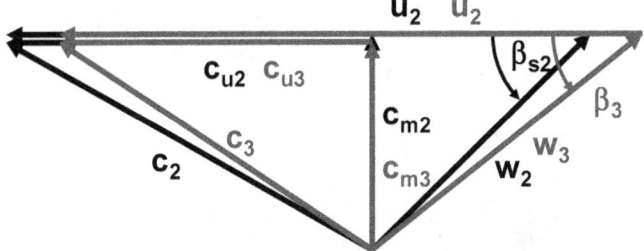

Bei Pumpen haben beide Effekte eine Wirkung in die gleiche Richtung, bei Turbinen sind sie gegenläufig und heben sich teilweise auf.

Wirkung:
Förderhöhenverlust, Wirkungsgradverlust
Ursachen:
- endliche Schaufelzahl
- endliche Dicke der Schaufel

Abhilfe:
mehr und gleichzeitig dünnere Schaufeln
Nachteil:
hydraulischer Verlust steigt mit Schaufelzahl

Die Schaufelzahl einer Pumpe ist also immer ein Kompromiss.

7.1.2 Der Effekt einer endlichen Schaufelzahl

Betrachtung zwischen zwei rein radialen Schaufeln
(Relativsystem mit **Scheinkräften**)

Corioliskraft und Druckkraft

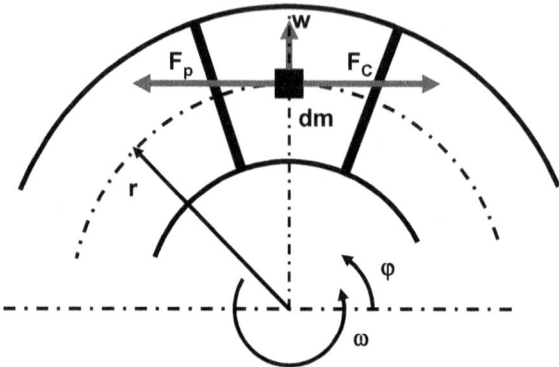

Masse dm des Strömungsteilchens:

$$dm = \rho \cdot b \cdot dr \cdot r d\varphi \qquad (7.9)$$

Corioliskraft

$$dF_C = -dm \cdot 2\omega \cdot w = -\rho \cdot \underbrace{b \cdot dr \cdot r d\varphi}_{dV} \cdot 2\omega \cdot w \qquad (7.10)$$

Druckkraft

$$dF_p = -\frac{\partial p}{\partial \varphi} d\varphi \cdot b \cdot dr = -\frac{\partial p}{\partial \varphi} \cdot \underbrace{r \cdot d\varphi \cdot b \cdot dr}_{dV} \cdot \frac{1}{r} \qquad (7.11)$$

Gleichgewicht

$$dF_p + dF_C = 0 \qquad (7.12)$$

$$\frac{1}{r} \frac{\partial p}{\partial \varphi} = -\rho \cdot 2\omega \cdot w \qquad (7.13)$$

- Druckaufbau in negativer φ-Richtung (zur Druckseite hin)!
- Relativgeschwindigkeit w im Schaufelkanal kann nicht mehr homogen sein

Relativgeschwindigkeit w für reibungsfreie Strömung.
Bernoulligleichung (Energiegleichung)

$$p + \frac{\rho}{2} c^2 = const + \rho \cdot e_{zu} \qquad (7.14)$$

Mit e_{zu} im Falle radialer, schaufelkongruenter Strömung:

$$e_{zu} = \overline{(uc_u)} - \overline{(uc_u)}_0 = u^2 \qquad (7.15)$$

Rechtwinkliges Geschwindigkeitsdreieck:

$$p + \frac{\rho}{2}w^2 + \frac{\rho}{2}u^2 = const + \rho \cdot e_{zu} \qquad (7.16)$$

$$p + \frac{\rho}{2}w^2 - \frac{\rho}{2}u^2 = const \qquad (7.17)$$

Abgeleitet nach φ und durch r dividiert:

$$\frac{1}{r}\frac{\partial p}{\partial \varphi} + \frac{1}{r}\frac{\rho}{2}2w\cdot\frac{\partial w}{\partial \varphi} - \frac{1}{r}\frac{\rho}{2}2u\cdot\frac{\partial u}{\partial \varphi} = 0 \qquad (7.18)$$

Änderung der Umfangsgeschwindigkeit u in Umfangsrichtung ist 0:

$$\frac{1}{r}\frac{\partial p}{\partial \varphi} = -\frac{1}{r}\frac{\rho}{2}2w\cdot\frac{\partial w}{\partial \varphi} \qquad (7.18)$$

Mit (7.13):

$$-\rho \cdot 2w \cdot \omega = -\frac{1}{r}\frac{\rho}{2}2w\cdot\frac{\partial w}{\partial \varphi} \qquad (7.19)$$

$$\frac{\partial w}{\partial \varphi} = 2r\cdot\omega \qquad (7.20)$$

Integration. **Ergebnis für w:**

$$w = 2r\cdot\varphi\cdot\omega + w_D \qquad (7.21)$$

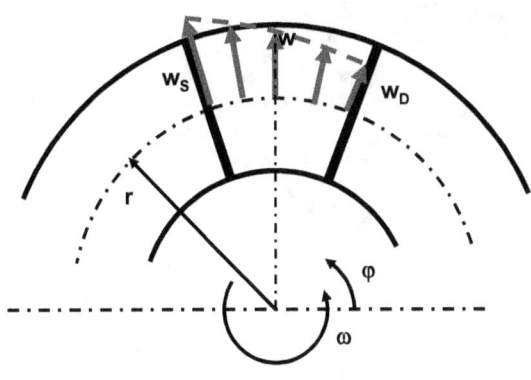

z = Schaufelzahl
l = Sehnenlänge zwischen zwei Schaufeln auf dem Radius r

$$l = r \cdot \Delta\varphi = r\frac{2\pi}{z} \qquad (7.22)$$

$$\Delta w = w_S - w_D = 2 \cdot \omega \cdot l = 2 \cdot \omega \cdot r\frac{2\pi}{z} \qquad (7.23)$$

Mittlere Geschwindigkeit:

$$\overline{w} = \frac{Q}{z \cdot b \cdot l} \qquad (7.24)$$

$$w_S = \overline{w} + \frac{\Delta w}{2} \qquad (7.25)$$

$$w_D = \overline{w} - \frac{\Delta w}{2} \qquad (7.26)$$

Druckverlauf

$$\frac{1}{r}\frac{\partial p}{\partial \varphi} = -\rho \cdot 2\omega \cdot (2r\varphi\omega + w_D) \qquad (7.27)$$

$$\int_{\varphi=0}^{\varphi_1} \frac{\partial p}{\partial \varphi} d\varphi = -\int_{\varphi=0}^{\varphi_1} \rho \cdot 2r\omega \cdot (2r\varphi\omega + w_D) d\varphi \qquad (7.28)$$

Man erhält:

$$p - p_D = -\rho \cdot 2r\omega \cdot \varphi(r\varphi\omega + w_D) = -\rho \cdot (w - w_D)(0{,}5(w - w_D) + w_D) \qquad (7.29)$$

$$p - p_D = -\rho \cdot (w - w_D)0{,}5(w + w_D) = -\frac{\rho}{2}(w^2 - w_D^2) \qquad (7.30)$$

Der Druckverlauf ist quadratisch abfallend mit dem Winkel und der Geschwindigkeit w:

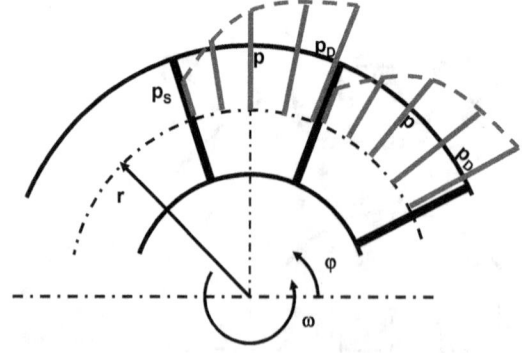

Druckdifferenz an der Schaufel

$$p_D - p_S = \frac{\rho}{2}\left(w_S^2 - w_D^2\right) = \frac{\rho}{2}(w_S - w_D)(w_S + w_D) \qquad (7.31)$$

$$\Delta p_{D \to S} = p_D - p_S = \rho \cdot \Delta w \cdot \overline{w} \qquad (7.32)$$

$$\Delta p_{D \to S} = p_D - p_S = \rho \cdot 2 \cdot \omega \cdot l \cdot \overline{w} \qquad (7.33)$$

Achtung: Diese Gleichung gilt **nur** für das radiale Schaufelprofil

Unter Vernachlässigung der Schaufeldicke:

$$\Delta p_{D \to S} = p_D - p_S = \rho \cdot 2 \cdot \omega \cdot l \frac{Q_{La}}{z \cdot b \cdot l} = \rho \cdot 2 \cdot \omega \frac{Q_{La}}{z \cdot b} \qquad (7.34)$$

Für eine bestimmte Strömungssituation sind außer z alle anderen Werte konstant.
Die Druckdifferenz nimmt indirekt proportional zur Schaufelzahl ab.

Minderumlenkung: Der Druckausgleich fängt kurz vor Ende der Beschaufelung an:
Druckverläufe an Druck- und Saugseite

Die Druckdifferenz bewirkt auch das **Schaufelmoment** und die **Arbeitsleistung**::

$$dT_{Schaufel} = z \cdot \Delta p_{D \to S} \cdot b \cdot dr \cdot r \qquad (7.35)$$

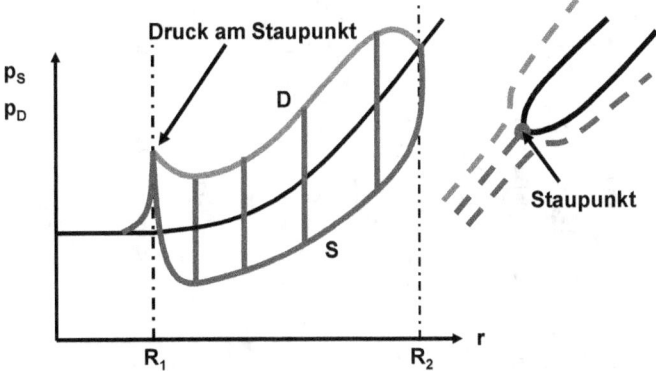

Drehimpulserhaltungssatz

$$T_{Schaufel} = \rho \cdot Q_{La} \cdot \Delta \overline{(rc_u)} \qquad (7.36)$$

Differenzieren und gleichsetzen

$$\frac{1}{\rho \cdot Q_{La}} \frac{dT_{Schaufel}}{dr} = \frac{d\overline{(rc_u)}}{dr} = \frac{b \cdot r}{\rho \cdot Q_{La}} \cdot z \cdot (p_D - p_S) \qquad (7.37)$$

Kurz vor dem Ende der Beschaufelung klingt die Druckdifferenz ab

$$\frac{d\overline{(rc_u)}}{dr} \to 0, \qquad (7.38)$$

d.h:

$$\overline{(rc_u)} = const. \qquad (7.39)$$

Die Umfangskomponente wird also wieder kleiner:

$$c_u = \frac{const}{r} \qquad (7.40)$$

Man erkennt sofort, dass deshalb der Austrittswinkel nicht mehr dem Schaufelwinkel entspricht.

$$\beta_3 < \beta_2 \qquad (7.41)$$

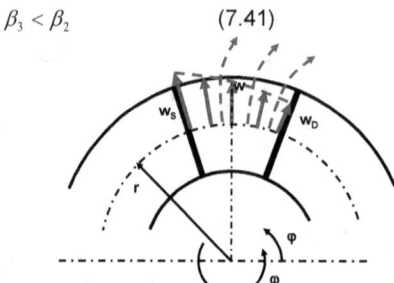

7.2 Wirkung auf die Kennlinien

Eine ideale Pumpe hätte also unendlich viele Schaufeln, die die Strömung exakt führen, wobei Reibungseffekte im Fluid vernachlässigbar sein müssen, damit nicht zuviel Energie dissipiert wird.

Von dieser idealen Vergleichspumpe gehen wir im Folgenden aus, um das Verhalten der realen Pumpe zu beschreiben. Die ideale Pumpe und deren Verhalten (Kenndaten) kennzeichnen wir mit dem Index „unendlich" (∞). Die Ausgangsgleichungen sind immer die gleichen, so dass nur der Index geändert werden muss, z.B. im Fall drallfreier Zuströmung bei beiden Pumpen:

Ideale Pumpe:

$$Y_{th,\infty} = g_n H_{th,\infty} = u_2 \overline{c_{3,u,\infty}} \qquad (7.42)$$

Reale Pumpe

$$Y_{th} = g_n H_{th} = u_2 \overline{c_{3,u}} \qquad (7.43)$$

Außerdem soll mit einem weiteren Index *j* das *j*-te Teilflutrad bezeichnet werden.

Die Meridiangeschwindigkeit im *j*-ten Teilflutrad ist dann

$$c_{3,m} = \frac{Q_j}{\pi b_{2,j} D_{2,j}} \qquad (7.44)$$

Wegen der Minderumlenkung ist bei endlicher Schaufelzahl der Abströmwinkel kleiner als bei unendlicher Schaufelzahl und damit ist auch die Umfangskomponente $c_{3,u}$ kleiner.

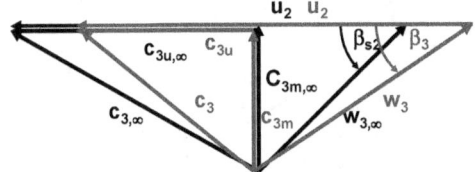

Einen ähnlichen Effekt erreicht man bei unendlicher Schaufelzahl, wenn der Durchsatz erhöht wird:

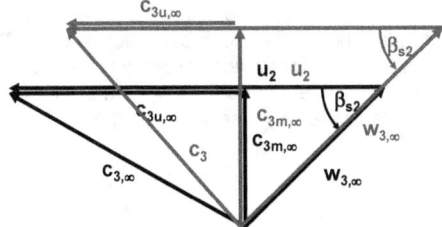

Auch in diesem Fall wird die Umfangskomponente kleiner.

Den Betrag der Umfangskomponente kann man aus der Geometrie des Geschwindigkeitsdreieckes ableiten:

$$c_{3u} = u_2 - \cot(\beta_3) c_{3m} \qquad (7.45)$$

$$c_{3u,\infty} = u_2 - \cot(\beta_{S2}) c_{3m} \qquad (7.46)$$

Die insgesamt übertragene spezifische Arbeit ist dann

$$Y_{th} = u_2(u_2 - \cot(\beta_3)c_{3m}) = u_2\left(u_2 - \cot(\beta_3)\frac{Q_j}{\pi D_{2,j}b_{2,j}}\right) \qquad (7.47)$$

$$Y_{th,\infty} = u_2(u_2 - \cot(\beta_{S2})c_{3m}) = u_2\left(u_2 - \cot(\beta_{S2})\frac{Q_j}{\pi D_{2,j}b_{2,j}}\right) \qquad (7.48)$$

7.2.1 Die Q-H bzw. Q-Y Kennlinie

Wie man an (7.47) und (7.48) unmittelbar erkennt, sind bei einem Durchsatz Q = 0 Y_{th} und $Y_{th,\infty}$ also gerade gleich u_2^2. Mit größerem Durchsatz nehmen Y_{th} und $Y_{th,\infty}$ linear ab. Die Linie von Y_{th} liegt unterhalb der Linie von $Y_{th,\infty}$, weil der Abströmwinkel kleiner ist.

Die theoretischen Kennlinien sehen daher wie folgt aus:

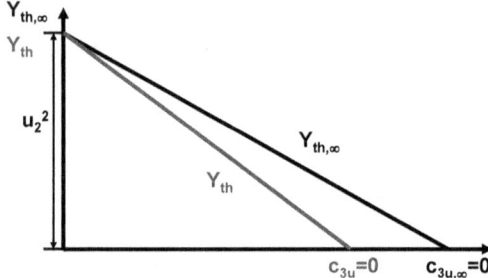

Es muss allerdings beachtet werden, dass bei endlich vielen Schaufeln auch bei einem Volumenstrom von 0 immer noch eine Druckdifferenz zwischen Saug- und Druckseite herrscht, die am Ende (Austritt) über die Schaufelkante hinweg ausgeglichen wird. Im Endeffekt heißt das: Auch bei Volumenstrom 0 wird bei endlich vielen Schaufeln die Umfangskomponente nicht exakt gleich u_2 sein (wie es die Gleichung vorgibt), sondern wegen der Überströmung von der Druck- zur Saugseite etwas kleiner. Die theoretische Kurve liegt daher sogar überall unter der Kurve mit unendlicher Schaufelzahl:

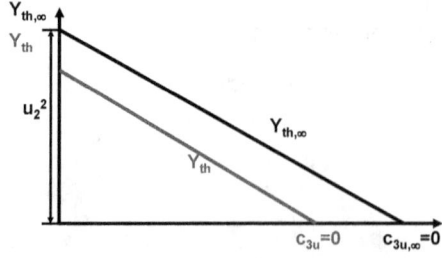

Die tatsächliche Kennlinie einer Kreiselpumpe erhält man, indem man von der theoretischen Linie die Verluste abzieht:

Förderhöhenverluste: $\quad H = H_{th} - \sum H_v$
Leckageverluste: $\quad Q = Q_{La} - \sum Q_{Leck}$

Förderhöhenverluste setzen sich aus Reibungsverlusten (Flüssigkeitsreibung und Vermischungsverluste) sowie den Verlusten durch eine Fehlanströmung der Beschaufelung am Eintritt zusammen.

Reibungsverluste sind proportional zum Quadrat der Strömungsgeschwindigkeit, also auch zum Quadrat des Volumenstromes. Verluste durch Fehlanströmung sind dagegen vom Quadrat der Differenz zum Nennvolumenstrom abhängig, denn der Beschaufelungswinkel ist am Eintritt so gewählt, dass beim Nennvolumenstrom die Schaufel in Richtung Ihrer Sehne angeströmt wird.

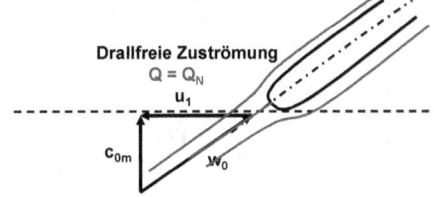

Bei einem Volumenstrom über dem Nennvolumenstrom und gleicher Drehzahl wird der Anströmwinkel geändert, so dass im Extremfall an der Druckseite Ablösungen mit entsprechenden Verlusten auftreten können.

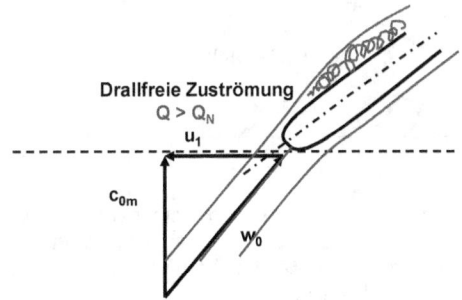

Wenn der Volumenstrom deutlich kleiner als der Nennvolumenstrom ist, treten die Verluste dagegen vor allem auf der Saugseite auf:

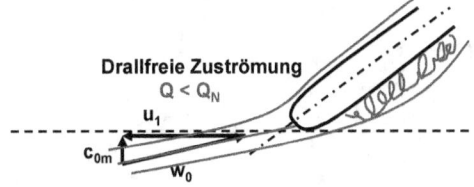

Im Bereich sehr kleiner Volumenströme treten zusätzlich noch Verluste durch Sekundärströmungen auf (Austauschströmungen). Im Wesentlichen sind dies Zirkulationsströmungen am Eintritt und am Austritt aus der Beschaufelung (Austausch mit den davor und dahinter liegenden Kammern).

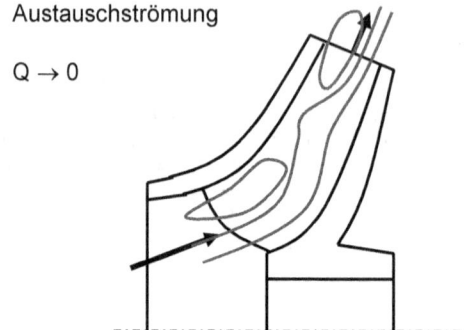

Austauschströmung

$Q \to 0$

Insgesamt ergibt sich die Kennlinie aus der theoretischen Kennlinie abzüglich aller Förderhöhenverluste:

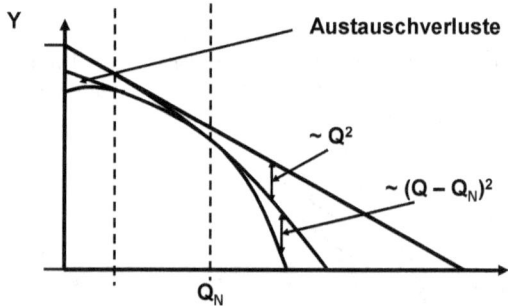

Leckageverluste entstehen durch die Druckverluste an den Dichtspalten. Daher sind sie proportional zur Wurzel der Druckdifferenz zwischen Eintritt und Austritt, d.h. sie sind bei minimalem Gesamtvolumenstrom am größten und am maximalen Volumenstrom (Förderhöhe Null) gerade gleich Null.

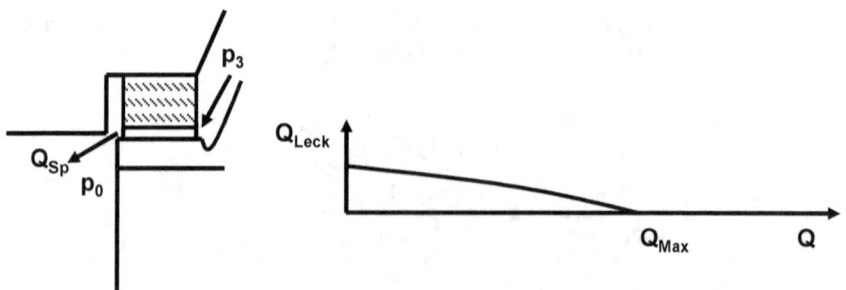

Die resultierende Gesamtkurve ist dann etwa wie folgt:

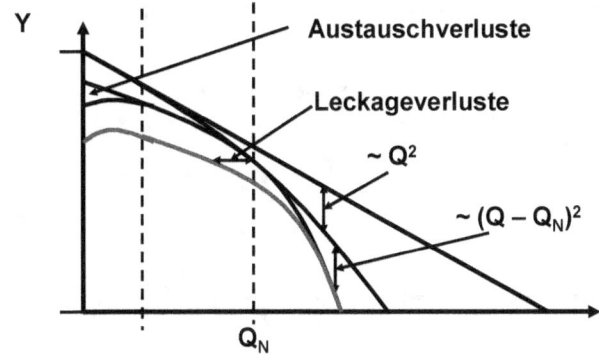

7.2.2 Die Q-P-Kennlinie

Die Wellenleistung setzt sich aus Schaufelleistung, mechanischen Verlusten, Radseitenreibungsverlusten und Austauschverlusten zusammen.

$$P_W = P_{Schaufel} + P_{V,mech} + P_{V,Rads} + P_{V,Austausch} \qquad (7.49)$$

Die Schaufelleistung ist

$$P_{Schaufel} = \rho \cdot g \cdot Q_{La} \cdot H_{th} \qquad (7.50)$$

H_{th} ist wiederum eine lineare Funktion von Q in der Form:
$$H_{th} = a - bQ \qquad (7.51)$$

Damit ist die Schaufelleistung eine nach unten offene quadratische Parabel mit einem Nulldurchgang bei Q = 0 und Q = Q_{Max}. Die gesamte Wellenleistung ergibt sich damit durch Addition der Verluste auf die theoretische Leistung. Mechanischer Verlust und Radseitenreibungsverlust sind dabei vor allem drehzahlabhängig und fast unabhängig vom Volumenstrom. Die theoretische Förderleistungskurve wird also parallel verschoben. Austauschverluste kommen wieder nur bei kleinen Volumenströmen dazu.

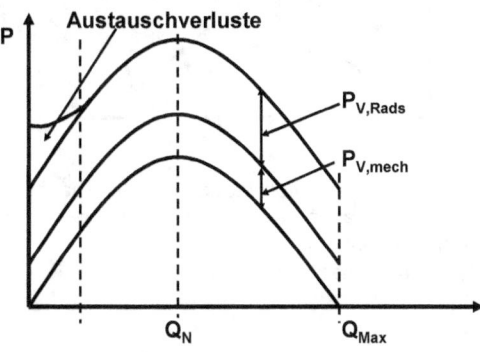

Bei großer spezifischer Drehzahl sind Austauschverluste ausgeprägter als bei kleiner spezifischer Drehzahl. Die typischen Leistungskurven dieser Pumpenbauarten sehen daher folgendermaßen aus:

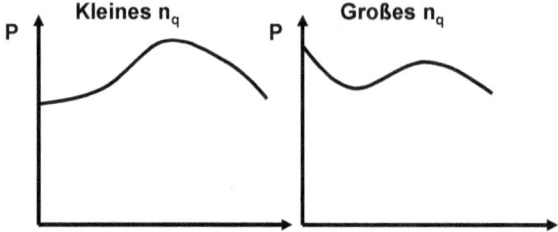

7.2.3 Q-NPSH-Kurve (Kavitation)

Die Kavitationskennlinie kann wieder nur qualitativ behandelt werden, weil eine theoretische Berechnung auch heute noch nicht trivial ist.

Kavitation tritt an den Stellen auf, an denen der Dampfdruck der Flüssigkeit unterschritten wird. Daher ist die Saugseite, mit ihrem geringeren Druckniveau grundsätzlich gefährdeter als die Druckseite. Wir hatten allerdings bereits zuvor gesehen, dass eine starke Fehlanströmung durch große Volumenströme ebenfalls zur Strömungsablösung führen kann. In diesem Fall ist auch auf der Druckseite eine Unterschreitung des Dampfdruckes möglich, während die Saugseite entlastet wird (der Staupunkt verschiebt sich Richtung Saugseite). Umgekehrt wird bei niedrigen Volumenströmen die Kavitationsneigung auf der Saugseite größer, während der Staupunkt zur Druckseite wandert (siehe vorherige Bilder).

Betrachtet man nun das erforderliche NPSH der Saugseite und der Druckseite getrennt voneinander, so ergeben sich zwei gegenläufige Kurven. Für die Pumpe ist die jeweilig kritischere Kennlinie entscheidend, so dass sich die Pumpenkennlinie beginnender Kavitation aus den Maximalwerten beider Kurven ergibt.

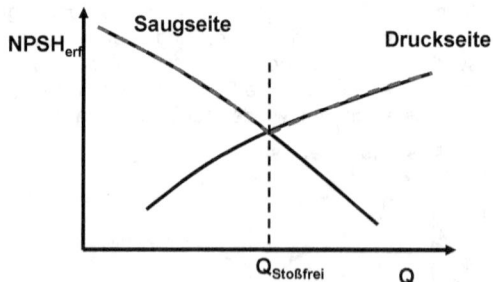

Als Auswirkungen der Kavitation wurden bereits genannt
- Geräusche, Vibrationen
- Förderhöhenabnahme
- Wirkungsgradabnahme
- Zerstörungen, Erosion

Kavitationsschäden
© J. Braun

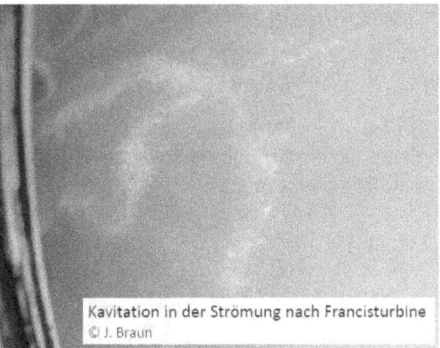
Kavitation in der Strömung nach Francisturbine
© J. Braun

Beachtet man nun die unterschiedlichen Kavitationskriterien, also z.B. das 3%-Kriterium, so wird die theoretische Kurve (d.h. beginnende Kavitation) nach unten geschoben und geglättet. Im Ergebnis erhält man dann die bekannte NPSH-Kurve.

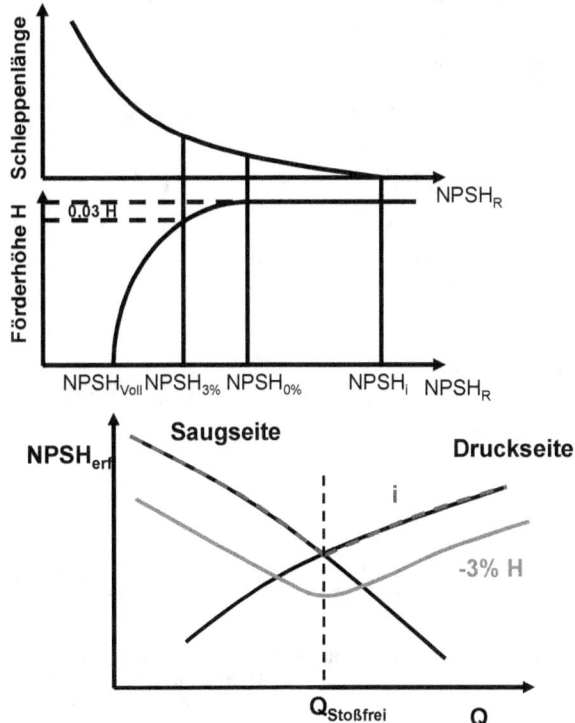

7.3 Modellgesetze für NPSH$_{erf}$

Die Herleitung wird hier nur kurz gestreift und ist keineswegs vollständig, da die Theorie recht komplex ist.

Die am meisten gefährdete Stelle in der Pumpe bezüglich der Kavitation befindet sich direkt hinter dem Eintritt in die Schaufel, am Außenradius und an der höchsten Stelle. Diese Stelle sei mit x bezeichnet.

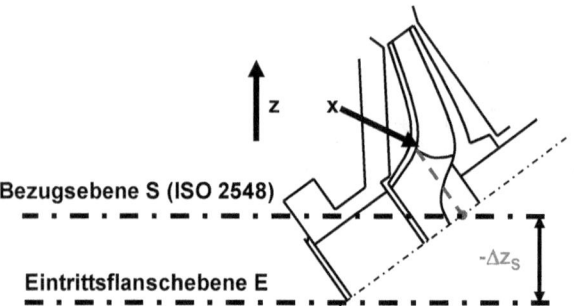

Stellt man die Bernoulligleichung vom Eintritt E bis zur Stelle x auf, erhält man:

$$p_{E,tot} + \rho g z_E = p_x + \frac{\rho}{2} w_x^2 - \frac{\rho}{2} u_x^2 + \rho g z_x + \rho \left[Y_V \Big|_{E \to 0} + Y_V \Big|_{0 \to x} \right] \quad (7.52)$$

Kavitation setzt ein, wenn (Index i für incipient, beginnend)

$$p_x = p_D \quad . \quad (7.53)$$

Außerdem ist der NPSH-Wert definiert mit

$$NPSH = \frac{p_{E,tot} - p_D}{\rho g} \quad (7.54)$$

Man erhält schließlich:

$$gNPSH_i = \frac{w_x^2}{2} - \frac{u_x^2}{2} + g(z_x - z_E) + Y_V \Big|_{E \to 0} + Y_V \Big|_{0 \to x} \quad (7.55)$$

Die Stelle x liegt unmittelbar nach der Schaufeleintrittskante, d.h. $R_x \approx R_0$. Außerdem ist in den meisten Fällen $(z_x - z_E)$ sehr viel kleiner als die kinetische Energie $u_x^2/2$ und kann in guter Näherung vernachlässigt werden. Danach wird die Gleichung mit Hilfe der Geschwindigkeitsdreiecke umgestellt in die Terme proportional zur Relativ- und zur Absolutgeschwindigkeit. Außerdem werden die Verlustterme als Verlustbeiwerte (ζ-Werte) geschrieben. Man erhält:

$$gNPSH_i = \underbrace{\left[\left(\frac{w_x}{w_0}\right)^2_{0\to x} + \varsigma - 1\right]\frac{w_0^2}{2}}_{=\lambda_w} + \underbrace{\left[\varsigma_{E\to 0} + 1\right]\frac{c_0^2}{2}}_{=\lambda_c} \qquad (7.56)$$

$$gNPSH_i = \lambda_w \frac{w_0^2}{2} + \lambda_c \frac{c_0^2}{2} \qquad (7.57)$$

λ_c und λ_w können als äquivalente Rohrreibungszahlen aufgefasst werden und haben recht typische Werte:

$$\lambda_w = 0,2...0,5 \qquad (7.58)$$
$$\lambda_c = 1(1,01-1,05)...1,1 \qquad (7.59)$$

Mit (7.57) ist anhand des Geschwindigkeitsdreiecks am Eintritt eine gute Abschätzung des erforderlichen $NPSH_i$ möglich. Dividiert man durch die Umlaufgeschwindigkeit am Außenradius und führt den Strömungs- (= Schaufel-) winkel ein, erhält man die dimensionslose Form:

$$\underbrace{\frac{2gNPSH_i}{u_1^2}}_{\sigma_u} = \frac{\lambda_w}{\cos^2\beta_0} + \lambda_c \tan^2\beta_0 \qquad (7.60)$$

Für die Aufstellung von Modellgesetzen stellt sich nun die Frage, wann die dimensionslose Zahl σ_u in Modell und Original gleich ist, also:

$$\sigma_u = \sigma_u' \qquad (7.61)$$

Durch Einsetzen der Modellgesetze (geometrische, kinematische und dynamische Ähnlichkeit) erhält man nach einiger Umformung die folgende Gleichung:

$$NPSH_i = \underbrace{\frac{1}{g}\left(\frac{\pi}{60}\right)^2\left(\frac{240}{\pi^2}\right)^{\frac{2}{3}} K_0^{\frac{2}{3}} \sigma_u \cot^{\frac{2}{3}}\beta_0 Q^{\frac{2}{3}} n^{\frac{4}{3}}}_{=F(\lambda_w, \lambda_c, \beta_0, K)_0} \qquad (7.62)$$

K_0 ist dabei ein Korrekturfaktor aus der Geometrie und berücksichtigt die Schrägstellung der Strömung sowie die Versperrung durch die Nabe / Welle.

$$c_0 = \frac{Q}{\frac{\pi}{4}D_1^2} K_0 \qquad (7.63)$$

Gleichung (7.62) kann man nach dem Muster der spezifischen Drehzahl umstellen und erhält als charakteristische Größe die Saugzahl n_{qs}:

$$n \cdot \frac{Q^{\frac{1}{2}}}{NPSH_i^{\frac{3}{4}}} = F^{-\frac{3}{4}}(...) = n_{qsi} \qquad (7.64)$$

Wie bei der spezifischen Drehzahl ist dies eine Zahlenwertgleichung in der Q in m³/s und NPSH$_i$ in m eingesetzt werden muss.

Auch n_{qsi} lässt sich wieder als echte dimensionslose Zahl schreiben, wenn man den dimensionsbehafteten Term links mit der Gravitationskonstanten dimensionslos macht. Man erhält:

$$n \cdot \frac{Q^{\frac{1}{2}}}{(g \cdot NPSH_i)^{\frac{3}{4}}} = n_{qsi}{}^* \qquad (7.65)$$

n_{qsi} und $n_{qsi}{}^*$ sind also Kennwerte, die die Kavitationsneigung beschreiben.

Der Wert n_{qsi} ist zu deuten als Drehzahl einer geometrisch, kinematisch und dynamisch ähnlichen Pumpe, die dann bei einem Volumenstrom von 1 m³/s einen erforderlichen NPSH-Wert für beginnende Kavitation (i) von 1 m besitzt.

Praktisch muss die Kavitation aber nicht völlig unterbunden werden, Pumpen können dann billiger gebaut werden. Das Kriterium einer zulässigen Grenze hängt, wie bereits beschrieben, vom Anwendungsfall ab.

Bei Kondensat- und Kesselspeisepumpen wird Kavitation meist völlig unterdrückt, also:

$$NPSH_{Zul} = NPSH_i \qquad (7.66)$$

In den meisten Fällen wird man eine optimale spezifische Drehzahl zur Vermeidung von Kavitation in einem Bereich von 160 bis 240 1/min wählen können:

$$n_{qs,zul} = 160...240 \frac{1}{\min} \qquad (7.67)$$

160 stellt dabei die Untergrenze dar, 240 bedeutet eine bezüglich der Kavitation sehr gute Pumpe.

Es gibt aber keinen Zusammenhang mit der spezifischen Drehzahl, also der Bauform der Pumpe (radial, diagonal, axial)!

Vereinfachend kann man sich merken:
- *Der Eintritt (n_{qs}) beeinflusst die Kavitation*
- *Der Austritt (n_q) beeinflusst die Förderhöhe*
- *Beide können unabhängig voneinander optimiert werden*

7.4 Wirkung mehrerer Fluten

Durch eine erhöhte Zahl von Fluten kann das erforderliche NPSH$_{erf}$ des einzelnen Laufrades abgesenkt werden.

$$NPSH_{erf} = \left(\frac{n}{n_{qs}}\right)^{\frac{4}{3}} \cdot Q^{\frac{2}{3}} = \left(\frac{n}{n_{qs}}\right)^{\frac{4}{3}} \cdot \left(\frac{Q_N}{f}\right)^{\frac{2}{3}} \qquad (7.68)$$

Mit zwei Fluten anstelle von einer wird das erforderliche NPSH verringert:

$$\frac{NPSH_{erf}(f=2)}{NPSH_{erf}(f=1)} = 0{,}63 \qquad (7.69)$$

7.5 Wirkung der Versperrung durch die Schaufeln am Eintritt

Am Eintritt in die Beschaufelung wird die Strömung aufgrund der geringeren freien Durchtrittsfläche beschleunigt.

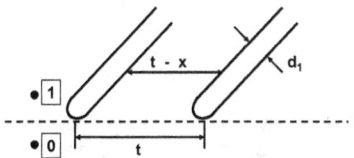

Es ist dabei t die Schaufelteilung, d_1 die Dicke der Schaufel und x die Versperrung durch die Schaufel:

$$x = \frac{d_1}{\sin \beta_{S1}} \qquad (7.70)$$

$$t = \frac{D_{1a} \pi}{z_{La}} \qquad (7.71)$$

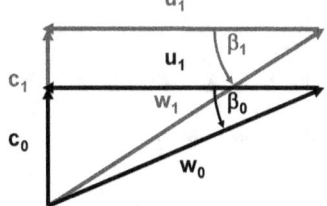

Der Schaufelwinkel β_{S1} und der Strömungswinkel β_1 sollten dabei ungefähr gleich sein. Die Kontinuitätsgleichung liefert den Versperrungsfaktor k_1:

$$\frac{c_1}{c_0} = \frac{A_0}{A_1} = k_1 = \frac{t}{t-x} = \frac{1}{1-\frac{x}{t}} = \frac{1}{1 - \frac{d_1 \cdot z_{La}}{D_{1a} \cdot \pi \cdot \sin \beta_{S1}}} \qquad (7.72)$$

Im Versperrungsfaktor werden meistens noch andere geometrische Korrekturen berücksichtigt, so dass in einer Angabe immer die tatsächliche Meridiangeschwindigkeit direkt berechnet werden kann.

$$\beta_{S1} = \arctan(k_1 \cdot \tan \beta_0) \qquad (7.73)$$

7.6 Wahl der Drehzahl

Die Antriebsdrehzahl hängt vor allem vom meistens elektrischen Antrieb der Welle ab. Elektromotoren haben im Gegensatz zu Verbrennungsmotoren ein hohes Anlaufdrehmoment und können daher sehr schnell die Pumpe auf Nenndrehzahl bringen (kein „Abwürgen").
Aus Kostengründen, aber auch aus Gründen des Wirkungsgrades wird ein Getriebe zwischen Antriebsmotor und Pumpe meistens vermieden. In diesem Falle des Direktantriebes ist die Wellendrehzahl durch den elektrischen Antrieb vorgegeben.

7.6.1 Gleichstrommotoren

Bei Gleichstrommotoren kann die Drehzahl frei gewählt werden und ist ein weiterer Betriebsparameter der Pumpe. Wenn man einen möglichst breiten Einsatzbereich der Pumpe sucht, sind die Gleichstrommotoren daher zu bevorzugen. Allerdings sind sie teurer als Wechselstrommotoren.

7.6.2 Wechselstrommotoren

Bei Wechselstrommotoren hängt die Drehzahl vor allem von der Polpaarzahl p_z ab und ist nicht mehr frei wählbar. Bei Synchronmotoren ist die Drehzahl direkt an die Netzfrequenz gebunden, bei Asynchronmotoren überlagert sich noch die Kennlinie des Motors. Trotzdem ist die Drehzahl dann an die Netzfrequenz f_0 gekoppelt:

$$n = \frac{60}{p_z} f_0 \qquad (7.74)$$

Heute gibt es zusätzlich die Möglichkeit, Motoren mittels Frequenzwandlern bei stufenlos variabler Drehzahl zu betreiben.

8 Zusammenfassung: Auslegung des Laufrades

8.1 Schaufelgeometrie am Eintritt

Die notwendige Geometrie am Eintritt wird durch die Anforderungen minimaler Kavitation und eines guten Wirkungsgrades bestimmt. Den optimalen Schaufelwinkel am Eintritt erhält man aus der Lösung des Maximalwertproblems:

$$\frac{\partial F}{\partial \beta_0} = 0 \qquad (8.1)$$

Dies ergibt den optimalen Eintrittswinkel:

$$(\tan \beta_0)_{Opt} = \sqrt{\frac{1}{2\left(1+\dfrac{\lambda_c}{\lambda_w}\right)}} \qquad (8.2)$$

Setzt man typische Werte ein, ergibt sich

$$\frac{\lambda_c}{\lambda_w} = 2,5...6 \qquad (8.3)$$

Für den optimalen Schaufelwinkel am Eintritt erhält man einen sehr engen Bereich:

$$\beta_{0,Opt} = 15°...20° \qquad (8.4)$$

Dieser Wert gilt nur für flüssige Medien aufgrund der Kavitation. Für gasförmige Medien gibt es im Pumpen- und Ventilatorenbereich dagegen keine Einschränkung.

Damit ist man nun in der Lage auch den optimalen Eintrittsdurchmesser auszulegen. Es ist:

$$D_{1,Opt} = \left(\frac{240}{\pi^2}\right)^{\frac{1}{3}} K_0^{\frac{1}{3}} \cot^{\frac{1}{3}} \beta_{0,Opt} \left(\frac{Q}{n}\right)^{\frac{1}{3}} \qquad (8.5)$$

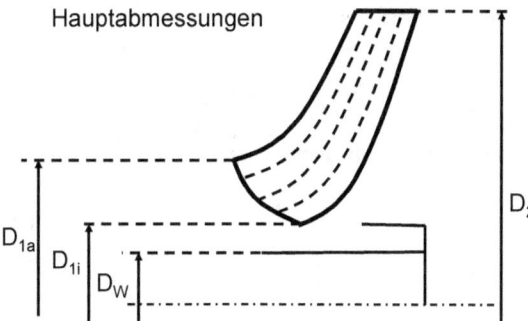

Hauptabmessungen

8.2 Gestaltung der Beschaufelung am Laufradaustritt

Das Geschwindigkeitsdreieck am Austritt wird, wie bereits mehrfach gezeigt, durch die Förderdaten bestimmt. Aus einem (zunächst geschätzten) hydraulischen Wirkungsgrad wird die theoretische Förderhöhe ermittelt:

$$H_{th} = \frac{H}{\eta_h} \qquad (8.6)$$

Ebenso ist im Fall unendlicher Schaufelzahl

$$H_{th,\infty} = \frac{H}{\eta_{h,\infty}} \qquad (8.7)$$

Im wichtigen Fall drallfreier Zuströmung ist:

$$Y_{th} = g_n H_{th} = u_2 \overline{c_{3,u}} = \pi D_2 n c_{3,u} \qquad (8.8)$$

$$Y_{th,\infty} = g_n H_{th,\infty} = u_2 \overline{c_{3,u,\infty}} = \pi D_2 n c_{3,u,\infty} \qquad (8.9)$$

Die Umfangskomponente der Austrittsströmung hängt immer noch vom Durchmesser D_2 und vom Schaufelwinkel β_{S2} ab:

$$c_{3u} = \pi D_2 n - \cot(\beta_3) c_{3m} \qquad (8.10)$$

$$c_{3u,\infty} = \pi D_2 n - \cot(\beta_{S2}) c_{3m} \qquad (8.11)$$

Die geforderte Förderhöhe kann also durch unterschiedliche Kombinationen von D_2 und β_{S2} erreicht werden. Wie kommt man nun zu einer optimalen Kombination? Man hat zunächst nur eine Gleichung für die beiden Geometriegrößen zur Verfügung und benötigt zur eindeutigen Lösung noch eine zweite Bedingung. Zur Beantwortung schreiben wir die dimensionsbehafteten Gleichungen noch einmal in die dimensionslose Form um.

Die Druckzahl ist

$$\psi = \frac{2Y}{u_2^2} \qquad (8.12)$$

und die mit dem tatsächlichen Querschnitt gebildete Durchflusszahl φ_b ist:

$$\varphi_b = \frac{c_m}{u_2} = \frac{Q}{\pi b_2 D_2 u_2} \qquad (8.13)$$

Wie bereits erwähnt, kann die Durchflusszahl auch mit dem fiktiven Querschnitt $\pi/4 D_2^2$ gebildet werden, der unabhängig von der Laufradform ist.

$$\varphi = \frac{4Q}{\pi D_2^2 u_2} \qquad (8.14)$$

Beide Definitionen können ineinander umgerechnet werden.

$$\varphi_b = \frac{1}{4} \frac{D_2}{b_2} \varphi \qquad (8.15)$$

Die Druckzahl erhält man in Funktion der Durchflusszahl, indem man (8.8) bis (8.12) miteinander kombiniert:

$$\psi_{th} = 2 - 2\cot(\beta_3)\varphi_b \qquad (8.16)$$
$$\psi_{th,\infty} = 2 - 2\cot(\beta_{S2})\varphi_b \qquad (8.17)$$

In der dimensionslosen Form sieht man sofort, dass das Verhalten aller Pumpen mit unendlich vielen Schaufeln gleich ist. Fixpunkt im Diagramm ist der Punkt (0; 2) während der φ_b-Bereich durch den Schaufelwinkel β_{S2} „gestreckt" wird.

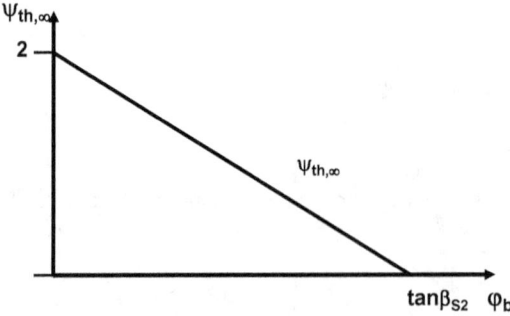

Die Kennlinie mit endlich vielen Schaufeln kann man aus unterschiedlichen Ansätzen bestimmen. Vorgestellt wird hier ein empirischer Ansatz nach Pfleiderer und ein mathematischer Ansatz nach Busemann.

8.2.1 Ansatz nach Pfleiderer.

Nach Pfleiderer bestimmt man den Verlauf durch einen konstanten Vorfaktor:

$$\psi_{th} = \frac{1}{1+p}\psi_{th,\infty} \qquad (8.18)$$

p ist ein geometrieabhängiger Wert, der nach Pfleiderer empirisch wie folgt bestimmt wird:

$$p = A\frac{R_2^{\,2}}{S \cdot z_{La}} \qquad (8.19)$$

Den Wert der Konstanten A kann man aus der Auswertung guter Pumpen bestimmen:

$$A = (0{,}65...0{,}85)\left(1+\frac{\beta_{S2}}{60°}\right) \qquad (8.20)$$

S ist ein Geometriefaktor, der den Verlauf der mittleren Stromlinie kennzeichnet:

$$S = \int_1^2 r\,ds \qquad (8.21)$$

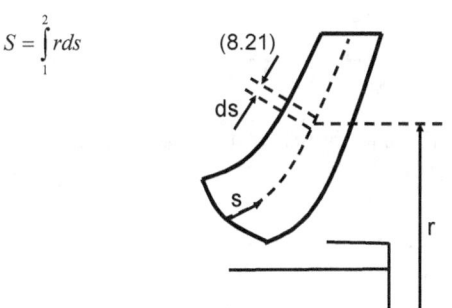

Mit diesem Ansatz sieht die theoretische Kennlinie folgendermaßen aus:

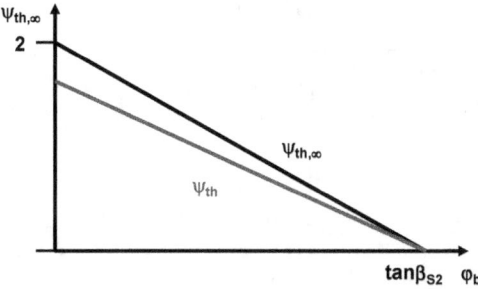

8.2.2 Ansatz nach Busemann

Der Ansatz von Busemann basiert auf der Annahme eines konstanten Schaufelwinkels entlang der Meridianstromlinie, also:

$$\beta_S = const \qquad (8.22)$$

Die Kurve, die die Schaufeln beschreibt, ist damit eine logarithmische Spirale. Der Verlauf der Druckzahl lässt sich mit diesem Ansatz dann in Funktion von vier Hauptgrößen beschreiben:

$$\psi_{th} = f\left(\varphi_b; \frac{D_1}{D_2}; z_{La}; \beta_S\right) \qquad (8.23)$$

Die Auswertung der Ergebnisse kann aber nur numerisch erfolgen, da als Lösungen unendliche Reihen auftreten. Nachdem der Verlauf von ψ_{th} eine Gerade ist, benötigt man nur zwei Punkte, um diesen Verlauf festzulegen. Man verwendet die beiden Durchgänge an den Achsen:

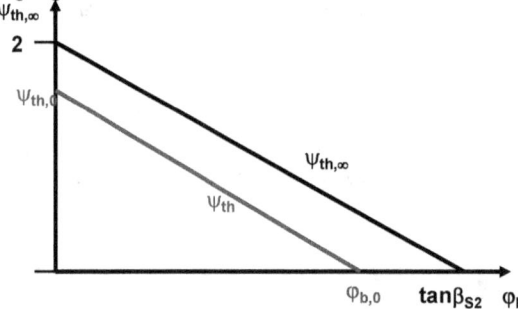

Die Lösungen ergeben für einen jeweils konstanten Schaufelwinkel die Eckpunkte in Funktion des Durchmesserverhältnisses und der Schaufelzahl als Parameter.

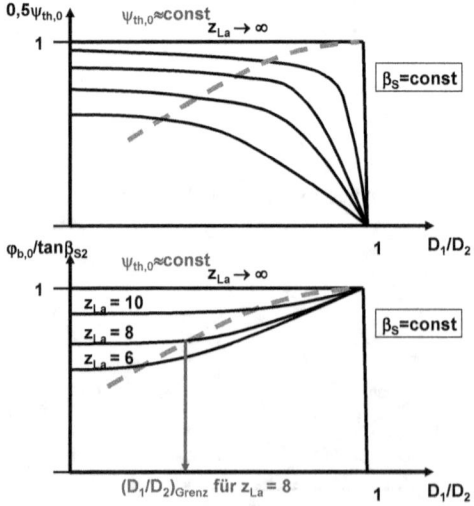

Oberhalb der gestrichelten Grenzlinie gilt:
Das Ergebnis ist fast unabhängig vom gewählten Eintrittsdurchmesser, d.h. Eintritt und Austritt können separat betrachtet werden.

8.2.3 Entkoppelung der Vorgänge am Eintritt und am Austritt.

Diese Grenzlinie gilt auch für ein Laufrad, so dass unterhalb von $(D_1/D_2)_{Grenz}$ das Laufrad beliebig, aber kavitationsgünstig gestaltet werden kann. Oberhalb dieses Durchmessers sollte der Schaufelwinkel dagegen konstant sein.

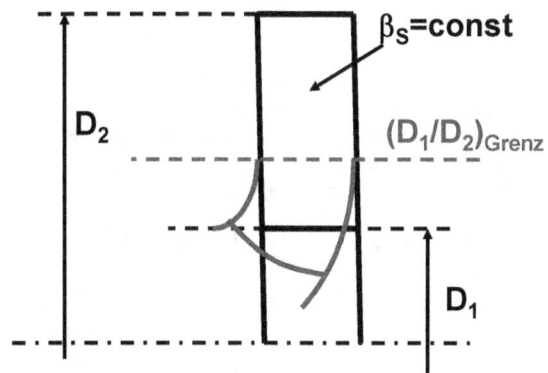

8.2.4 Wirkung eines veränderten Schaufelwinkels und der Zahl der Laufschaufeln

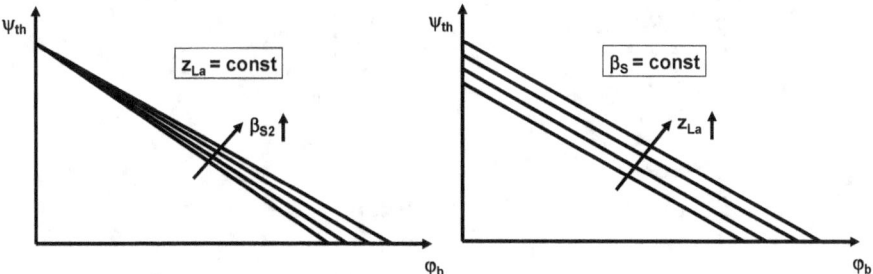

Ein steigender Schaufelwinkel macht die Linien flacher, mehr Schaufeln verschieben die Linien parallel nach oben.

Die geforderten unendlich dünnen Schaufeln wirken sich erfahrungsgemäß nicht stark aus. Zur Korrektur wird die Durchflusszahl φ_b mit A_2, also mit der um die Schaufeldicke verminderten Fläche gebildet und dieses in die Busemannsche Lösung eingesetzt.

9 Leitvorrichtungen

Leitvorrichtungen sind die nicht rotierenden Teile einer Kreiselpumpe in denen die kinetische Energie durch Abbremsung in Druckenergie umgewandelt werden soll. Bei Pumpen liegen die Leitvorrichtungen meist hinter dem Laufrad, seltener sind Vorleiteinrichtungen.

Bei Pumpen findet man sowohl beschaufelte als auch unbeschaufelte Leitvorrichtungen, wobei aus Kostengründen in der Regel keine Schaufeln vorgesehen sind. Das Grundprinzip des Strömungsdiffusors ist aber in beiden Fällen gleich.

9.1 Ringgehäuse

Ein Ringgehäuse ist im Wesentlichen rotationssymmetrisch und weist deshalb eine hohe Widerstandsfähigkeit gegen Innendrücke auf. Es wird daher vor allem im Hochdruckbereich angewendet. Der Nachteil ist, dass die Strömung am Umfang zwangsläufig beschleunigt wird, da jeder Laufradkanal seinen Volumenstrom hinzufügt und die Ausleitung nur an einer Stelle erfolgt.

Daher ist das Ringgehäuse nicht besonders effektiv und hat hohe Strömungsverluste.

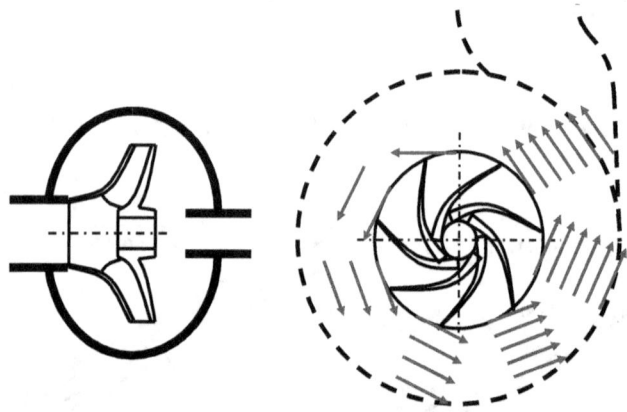

Bei Ringgehäusen findet man auch häufig eine in allen Richtungen symmetrische Bauart, das so genannte Kugelgehäuse.

9.2 Spiralgehäuse

Beim Spiralgehäuse ist die Achse des Laufrades nicht mehr zentrisch im Sammelgehäuse. Der aus dem Laufrad austretende Volumenstrom wird in der einem Schneckengehäuse ähnelnden Spirale gesammelt und wegen des erweiterten Strömungsquerschnittes auch nicht beschleunigt sondern gleichmäßig abgebremst. Dadurch wird eine gute Druckrückgewinnung aus der kinetischen Energie erzielt und damit auch ein guter Wirkungsgrad der Pumpe.

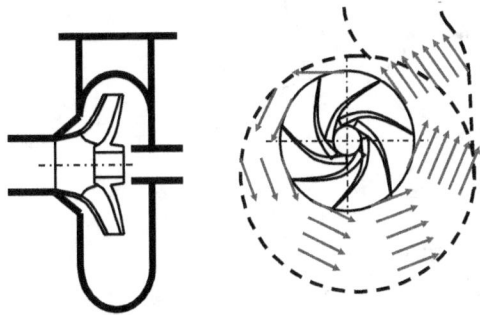

Die innere Gehäuseform ist auch nicht exakt kreisförmig, sondern bei konstanter Breite über dem Radius eine logarithmische Spirale. Bei anderen Geometrien wird die Gehäuseform so angepasst, dass eine gute Diffusionswirkung erzielt wird mit nicht allzu rascher Abbremsung.

9.3 Gehäuse mit Leitschaufeln und Rückführschaufeln

Bei mehrstufigen Ausführungen auf einer Welle werden nach dem Laufrad Leitschaufeln angeordnet, die die Abbremsung mit Druckrückgewinnung bewirken, während in den Kanal, der radial nach innen zum nächsten Laufrad führt, sogenannte Rückführschaufeln angeordnet werden, die eine möglichst drallfreie Zuströmung zum nächsten Laufrad sicherstellen.

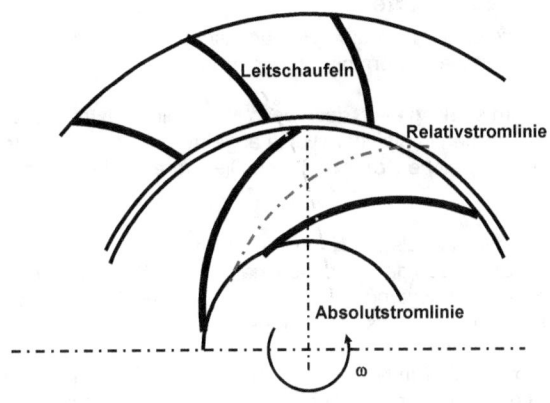

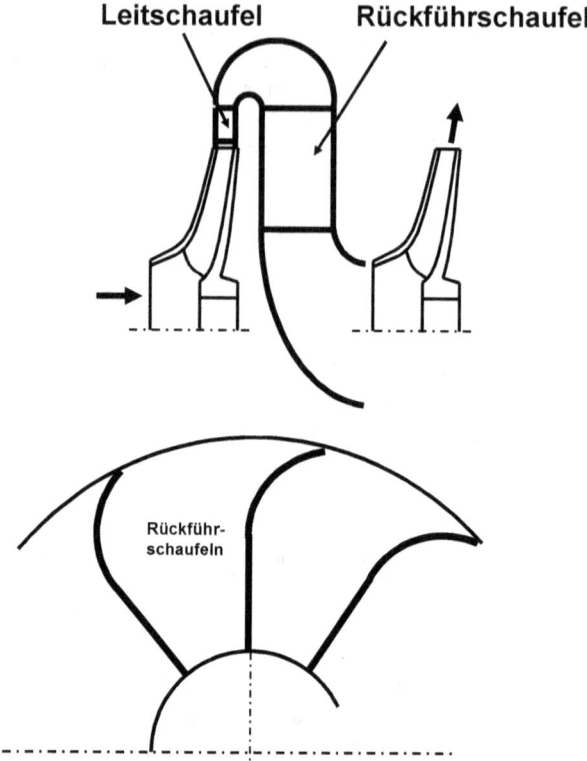

10 Hydraulische Kräfte

10.1 Hydraulische Radialkräfte

Hydraulische Radialkräfte entstehen durch eine ungleichförmige Umfangsdruckverteilung, insbesondere bei Spiralgehäusen.

Die Form der Spirale wird so ausgelegt, dass beim Nennvolumenstrom alle am Umfang austretenden Teilchen in gleicher Weise abgebremst werden, so dass insgesamt am Umfang der gleiche Druck herrscht. Die hydraulische Radialkraft ist in diesem Fall exakt Null.

Bei einem Volumenstrom kleiner als der Nennvolumenstrom wird die Strömung in Umfangsrichtung (vom Sporn aus gezählt) noch stärker abgebremst, so dass ein Druckanstieg auch in Umfangsrichtung auftritt. Dieser Druckanstieg bewirkt eine resultierende Radialkraft und über dies hinaus eine Unterströmung des Sporns.

Bei einem Volumenstrom über dem Nennvolumenstrom wird die Strömung in Umfangsrichtung dagegen stärker beschleunigt, so dass ein Druckabfall resultiert. Dieser Druckunterschied am Umfang bewirkt ebenfalls eine Radialkraft, die allerdings in etwa die entgegengesetzte Richtung zeigt, wie bei einem kleinen Volumenstrom. Man sieht also, dass die Radialkraft keine eindeutige Richtung aufweist und die Lagerung auf diese wechselnde Richtung ausgelegt sein muss.

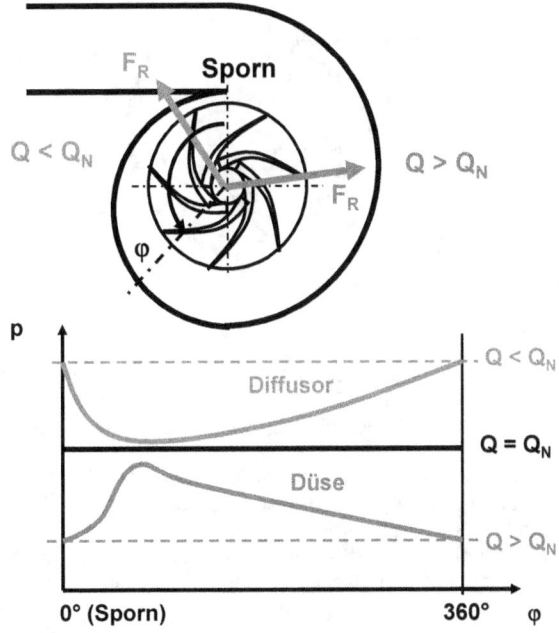

Die hydraulische Radialkraft ist eine drehende Last auf die Welle.

Das Zwischenschalten eines Leitrades entschärft die Höhe der Radialkraft erheblich, weil damit die Druckhöhe am Leitradeintritt verkleinert wird. Ursprung der Radialkraft ist allerdings die Unsymmetrie des Spiralgehäuses. Daher kann man die Radialkraft fast völlig vermeiden, wenn das Spiralgehäuse drehsymmetrisch aufgebaut wird. Dies geschieht durch eine Zwischenwand, so dass eine Doppelspirale entsteht, deren Radialkräfte auf die Welle sich gegenseitig fast völlig aufheben. Der Nachteil dieser Bauart ist neben den erhöhten Kosten allerdings auch eine erhöhte Verlustleistung durch die zusätzliche Flüssigkeitsreibung an der Wand.

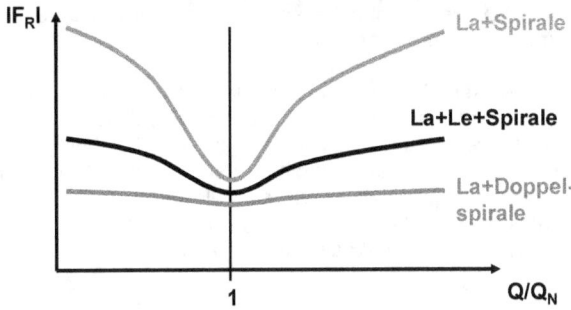

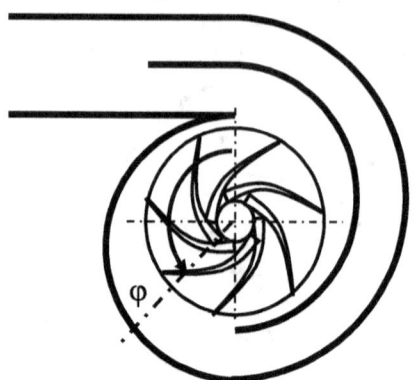

10.2 Axialschub

Die Axialkräfte in Pumpen und anderen Turbomaschinen sind zum Teil erheblich und bestimmen zu einem großen Teil die Dimensionierung der Lager. Damit die Lager nicht zu groß werden und damit auch nicht zu teuer sind, müssen zwei Grundregeln beachtet werden:
1. Die Richtung der Axialkraft sollte immer festliegen, d.h. der Axialschub sollte im Betrieb nicht wechseln, sonst müssen die Lager in beide Schubrichtungen entsprechend groß gebaut werden.
2. Es sollten die Möglichkeiten des Schubausgleiches genutzt werden, d.h. die Axialkräfte sollten sich gegenseitig größtenteils neutralisieren.

Als mögliche Ursachen für einen Axialschub kommen verschiedene Kräfte in Frage:
1. Die Kolbenkraft, die aus dem Überdruck an der Dichtung gegen außen resultiert.
2. Die Gewichtskraft des Rotors abzüglich der Auftriebskraft, je nach Schrägstellung der Welle und dynamische Kräfte.
3. Eine mechanische Kraft, die aus der selbst zentrierenden Wirkung der Wicklung des Rotors in Elektromotoren herrührt (magnetischer Zug).
4. Die Impulskraft der Strömung aus der Umlenkung von der axialen in die radiale Strömungsrichtung.
5. Die resultierende Druckkraft am Laufrad selbst

Die zuletzt genannte Kraft stellt in den meisten Fällen die Hauptaxialkraft dar und wird daher hier etwas ausführlicher angesehen.

Ihre Ursache hat sie in den Drücken, die in den Radseitenräumen herrschen und auf unterschiedlich große Flächen einwirken (siehe nächstes Bild). Der Druck in den Radseitenräumen wird vom Druckniveau am Austritt des Laufrades bestimmt, da der Dichtspalt gegen den Eintritt auf dem kleineren Durchmesser D_1 liegt, während der Dichtspalt gegen außen etwa auf dem Durchmesser der Welle liegt. Im Eintrittsquerschnitt herrscht dagegen der Eintrittsdruck p_0, so dass die Druckwirkungen auf drei Hauptflächen zum Axialschub beitragen.

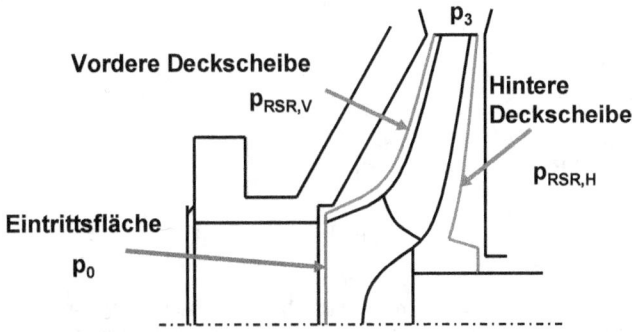

10.2.1 Druck in den Radseitenräumen.

Sieht man von der überlagerten Strömungsbewegung des Leckagestromes ab, ist die Flüssigkeitsbewegung in den Radseitenräumen vor allem durch die Scherbewegung des drehenden Laufrades mit dem stillstehenden Gehäuse verursacht. Die Flüssigkeit verhält sich außerhalb der Grenzschichten an den beiden Wänden etwa wie ein starrer Körper, der mit halber Winkelgeschwindigkeit des Laufrades rotiert.

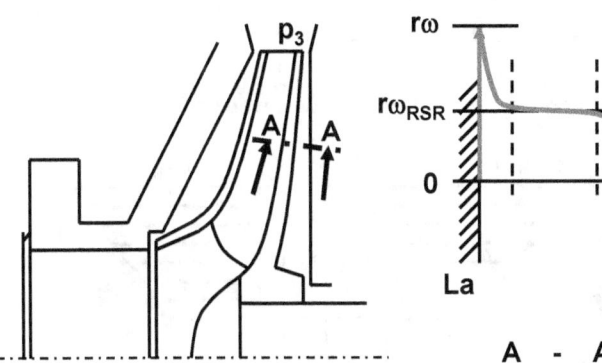

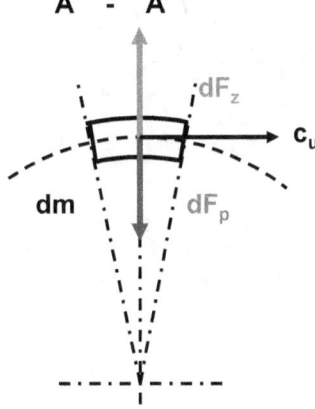

Aus der Grenzschichttheorie wird außerdem die Annahme übernommen, dass der Druck in der Grenzschicht von dem in der Außenströmung (zwischen den beiden gestrichelten Linien) aufgeprägt wird. Für den wie ein Starrkörper rotierenden Kernbereich müssen sich die radiale Druckkraft und die Zentrifugalkraft aufheben:

Mit

$$c_u = \omega_{RSR} \cdot r \qquad (10.1)$$

folgt:

$$rd\varphi \cdot b \cdot \frac{\partial p}{\partial r} = \rho \cdot rd\varphi \cdot b \cdot \frac{c_u^2}{r} \qquad (10.2)$$

$$\frac{\partial p}{\partial r} = \rho \cdot \frac{c_u^2}{r} = \rho \cdot \omega_{RSR}^2 \cdot r \qquad (10.3)$$

Der Druckverlauf im Radseitenraum ist daher:

$$p(r) = \rho \cdot \omega_{RSR}^2 \cdot \frac{r^2}{2} + C \qquad (10.4)$$

Die Integrationskonstante C lässt sich aus der Übergangsbedingung am Außenradius bestimmen, denn der Spalt zwischen Laufrad und Gehäuse ist an dieser Stelle recht groß (der eigentliche Dichtspalt liegt am Radius D_1).

$$p(r = R_2) = p_2 = p_3 \qquad (10.5)$$

$$C = p_3 - \rho \cdot \omega_{RSR}^2 \frac{R_2^2}{2} \qquad (10.6)$$

$$p(r) = p_3 - \rho \cdot \frac{\omega_{RSR}^2}{2} (R_2^2 - r^2) \qquad (10.7)$$

Es ergibt sich also ein quadratischer Druckverlauf über dem Radius.

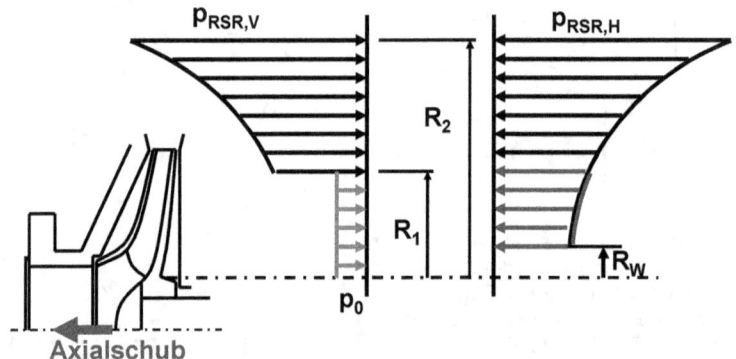

Zwischen R_1 (genauer gesagt, dem Dichtspaltradius R_{SP}) und R_2 heben sich die Druckkräfte im vorderen und hinteren Radseitenraum gegenseitig auf. Die resultierende Axialkraft ergibt sich aus dem quadratischen Verlauf im hinteren Radseitenraum bis zur Welle abzüglich der Kraft aus dem Eintrittsdruck p_0.
Die resultierende Kraft vom hinteren Radseitenraum ist:

$$F_H = \int_{R_W}^{R_{SP}} p(r) 2r\pi dr = \int_{R_W}^{R_{SP}} \left(p_3 - \rho \cdot \frac{\omega_{RSR}^2}{2} (R_2^2 - r^2) \right) 2r\pi dr \qquad (10.8)$$

$$F_H = \left[p_3 r^2 \pi\right]_{R_W}^{R_{SP}} - \rho \cdot \frac{\omega_{RSR}^2}{2}\left[R_2^2 \frac{r^2}{2} - \frac{r^4}{4}\right]_{R_W}^{R_{SP}} \quad (10.9)$$

Löst man diesen Term auf, erhält man schließlich:

$$F_H = \pi\left(R_{SP}^2 - R_W^2\right)\left[p_3 - \frac{\rho}{2}\omega_{RSR}^2\left(R_2^2 - \frac{R_{SP}^2 + R_W^2}{2}\right)\right] \quad (10.10)$$

Davon muss noch die Kraft aus dem Eintrittsdruck abgezogen werden:

$$F_{Axial} = F_H - p_0 \pi R_{SP}^2 \quad (10.11)$$

Wenn der Wellenradius, wie in den meisten Fällen, deutlich kleiner als der Spaltradius ist, gilt näherungsweise:

$$F_{Axial} = \pi\left(R_{SP}^2 - R_W^2\right)\left[(p_3 - p_0) - \frac{\rho}{2}\omega_{RSR}^2\left(R_2^2 - \frac{R_{SP}^2 + R_W^2}{2}\right)\right] \quad (10.12)$$

10.2.2 Verringerung des Axialschubes

Der Axialschub lässt sich durch folgende Maßnahmen verringern:

Spiegelbildliche Laufradanordnung:
Entweder ein 2-flutiges Laufrad (=parallel geschaltete Laufräder) oder hintereinander geschaltete Laufräder, aber gegenläufig auf der Welle angeordnet. Letzteres ergibt allerdings eine äußerst komplizierte Gehäuseform.

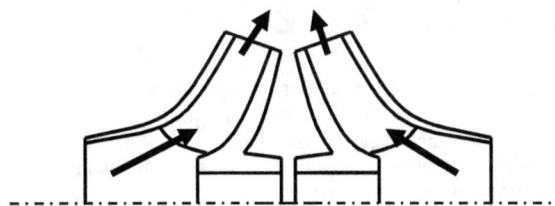

Entlastungsbohrung
Etwa auf Höhe des Spaltes auf der Vorderseite wird auch auf der Rückseite ein Dichtspalt angeordnet. Der untere Teil des hinteren Radseitenraumes wird druckentlastet, indem das Laufrad durchbohrt (Entlastungsbohrungen) und eine Verbindung zum Eintritt hergestellt wird. Dadurch ergibt sich als Nachteil ein zusätzlicher Leckageverlust. Durch die Rotation im hinteren Teil des Raumes wird zwar immer noch ein Axialschub erzeugt, dieser ist aber wesentlich kleiner als ohne die Entlastungsbohrungen.

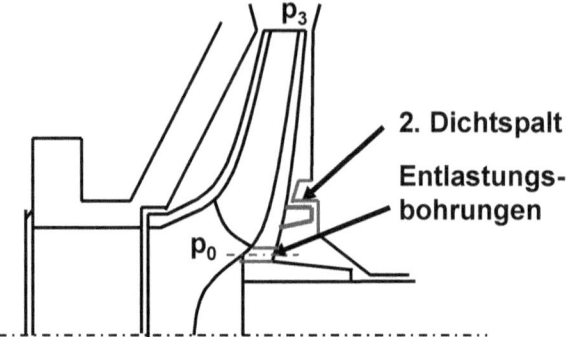

Rückenschaufeln
Rückenschaufeln (meist radial nach außen verlaufend) erhöhen die Umlaufgeschwindigkeit ω_{RSR} der Flüssigkeit im hinteren Radseitenraum bis fast auf die Laufradgeschwindigkeit ω, so dass der quadratische Druckabfall stärker ist. Dadurch wird der Axialschub insgesamt verringert. Die Rückenschaufeln führen aber zu höheren Verlusten.

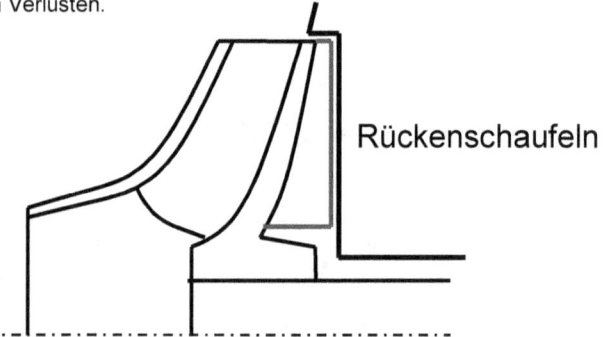

Entlastungskolben
Ein Entlastungskolben mit Dichtspalt führt zu einem gegenläufigen und etwa gleich großen Schub auf der Welle. Seine Funktion ist aber nur gegeben, wenn ein Dichtspalt mit entsprechendem Leckagevolumenstrom nach außen zu der gewünschten Druckdifferenz zwischen Vorder- und Rückseite des Kolbens führt. Ohne diese Leckage führt der Kolben zu keiner Entlastung.

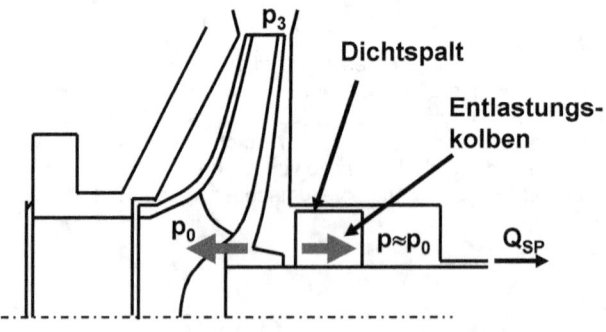

Entlastungsscheibe.
Eine Entlastungsscheibe funktioniert ähnlich wie ein Kolben, allerdings stellt sich der notwendige Dichtspalt durch die Axialkraft automatisch ein, wenn dieser Dichtspalt durch die axiale Bewegung der Welle öffnet oder schließt. Ein stärkerer Axialschub des Laufrades verschiebt die Welle geringfügig nach links, so dass der Dichtspalt s_{SP} kleiner wird. Dadurch steigt der Druck im Zwischenraum p_x, der Gegenschub wächst und passt sich automatisch dem Laufradschub an.

Nachteil dieser Methode sind mögliche Wellenschwingungen bei einer Veränderung des Volumenstromes sowie ein mögliches Anlaufen der Scheibe an das Gehäuse. Zudem kann der Dichtspalt so klein werden, dass dort Kavitation auftritt und entsprechende Erosionsschäden zu befürchten sind.
Die typische Spaltweite liegt bei etwa 0,2 bis 0,4 mm.

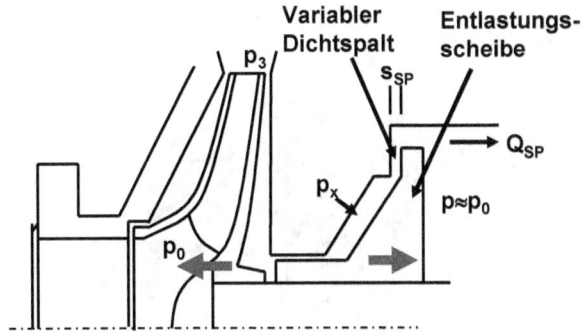

B Wasserturbinen

11 Turbinenbauarten

Bei Wasserturbinen unterscheidet man zwischen drei wesentlichen Bauformen, die wiederum von der zur Verfügung stehenden Fallhöhe abhängig sind.

- **Rohrturbine**: Sie ist eine kleinere Axialmaschine ohne verstellbare Schaufeln am Laufrad und daher nur für gering veränderliche Volumenströme geeignet.
- **Kaplanturbine**: Sie ist für niedrige Fallhöhe besonders gut geeignet und entspricht in der Bauform einer Axialpumpe bzw. einem axialen Propeller.
- **Francisturbine**: Sie ist für mittlere bis hohe Fallhöhe einsetzbar und entspricht einer Kreiselpumpe mit halbaxialem bis radialem Rad.
- **Peltonturbine**: Sie ist für extreme Fallhöhen geeignet, wird auch Freistrahlturbine genannt und hat kein Äquivalent bei Pumpen.

Kaplanlaufrad (Museumsinsel, München) © J. Braun

Francislaufrad (Museumsinsel, München) © J. Braun

Peltonlaufrad (Museumsinsel, München) © J. Braun

Im Vergleich zu Pumpen haben Wasserturbinen eine höhere Schaufelzahl. Die Schaufeln besitzen eine kürzere abgewickelte Länge und haben daher auch eine geringere Fläche. Beim Umsetzen einer gleich hohen Leistung einer Pumpe und einer Turbine müsste daher die Druckdifferenz zwischen Druck- und Saugseite bei einer Turbine mit gleicher Schaufelzahl z nach folgender Abschätzung höher sein:

$$|P| = \left(z \underset{DS-SS}{\Delta p} A_{Schaufel} r\omega \right)_{Turbine} = \left(z \underset{DS-SS}{\Delta p} A_{Schaufel} r\omega \right)_{Pumpe} \quad (11.1)$$

$$\frac{\left(\underset{DS-SS}{\Delta p} \right)_{Turbine}}{\left(\underset{DS-SS}{\Delta p} \right)_{Pumpe}} = \frac{\left(A_{Schaufel} \right)_{Pumpe}}{\left(A_{Schaufel} \right)_{Turbine}} > 1 \quad (11.2)$$

Zur Reduzierung der Schaufelbelastung wird deshalb eine Wasserturbine mit einer höheren Schaufelzahl z versehen, als es bei einer Pumpe gleicher Leistung und ähnlicher Abmessungen der Fall wäre.

$$\frac{\left(\underset{DS-SS}{\Delta p} \right)_{Turbine}}{\left(\underset{DS-SS}{\Delta p} \right)_{Pumpe}} = \frac{\left(z \cdot A_{Schaufel} \right)_{Pumpe}}{\left(z \cdot A_{Schaufel} \right)_{Turbine}} \approx 1 \quad (11.3)$$

12 Nutzbare Fallhöhe der Anlage

Eine typische Wasserkraftanlage und der Druckverlauf innerhalb der Anlage sind im nächsten Bild skizziert. Zwischen Laufradaustritt und Turbinenaustrittsstutzen A ist ein Diffusor eingebaut, so dass der statische Druck nach dem Laufrad meist sogar unterhalb des Umgebungsdrucks liegt.

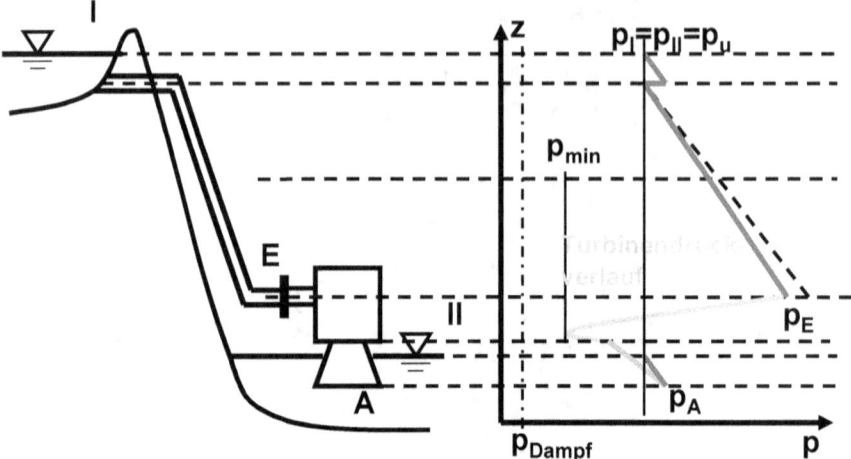

Theoretisch steht als Energiepotential die geodätische Höhendifferenz zwischen Oberwasserspiegel I und Unterwasserspiegel II zur Verfügung:

$$H_{geodätisch} = z_I - z_{II} \qquad (12.1)$$

Tatsächlich nutzbar zwischen dem Eintrittsstutzen und dem Austrittsstutzen der Turbine ist aber nur diese Höhendifferenz abzüglich der Verluste in den Rohrleitungen bei Berücksichtigung der eventuell geänderten kinetischen Energie (z.B. bei Laufwasserkraftwerken) und eines eventuell anderen Luftdruckes (bei großen Höhendifferenzen im Gebirge). Die verbleibende Energiehöhe rechnet man wieder auf eine nutzbare Fallhöhe am Stutzen (E nach A) der Turbine um:

$$g_n H = Y = g(z_I - z_{II}) + \frac{p_I - p_{II}}{\rho} + \frac{c_I^2 - c_{II}^2}{2} - \sum_{\substack{I \to E \\ A \to II}} Y_V \qquad (12.2)$$

Ein geringerer Luftdruck am Oberwasser mindert also die verfügbare Fallhöhe ebenso wie eine noch vorhandene kinetische Restenergie am Unterwasser. Bei Kraftwerken im Gebirge zwischen Stauseen mit nicht allzu großen Höhendifferenzen sind diese Verluste aber häufig klein, so dass sie vernachlässigt werden können:

$$g_n H = Y = g(z_I - z_{II}) - \sum_{\substack{I \to E \\ A \to II}} Y_V \qquad (12.3)$$

Die Verluste setzen sich zusammen aus den Verlusten der Rohrleitungen und Armaturen sowie aus dem Verlust aus der noch vorhandenen kinetischen Energie am Austrittsstutzen (Ende des Diffusors, auch Saugrohr genannt). Diese wird prinzipiell nicht mehr genutzt und im Unterwasser verwirbelt, wird aber zum Abtransport der meist großen Flüssigkeitsmengen von der Turbine benötigt und lässt sich nicht vollständig vermeiden.

J. Braun   Strömungsmaschinen   Teil I: Hydraulische Maschinen

$$\sum_{\substack{I \to E \\ A \to II}} Y_V = \sum \zeta_{äquiv,E,i} \frac{c_E^2}{2} + \frac{c_A^2}{2} + \sum \zeta_{äquiv,A,j} \frac{c_A^2}{2} \qquad (12.4)$$

Weitere Verluste nach dem Austritt aus dem Diffusor (der letzte Term in 12.4) treten nur auf, wenn noch ein Unterwasserstollen zur Stromführung bis zum Unterwasser angelegt ist. Die Verluste werden auch als äußere Verluste bezeichnet und lassen sich auf den Volumenstrom (Durchsatz) beziehen.

$$\sum_{\substack{I \to E \\ A \to II}} Y_V = \left(\sum \frac{\zeta_{äquiv,E,i}}{2 A_E^2} + \frac{1}{2 A_A^2} + \sum \frac{\zeta_{äquiv,A,j}}{2 A_A^2} \right) \cdot Q^2 \qquad (12.5)$$

Nachdem der Vorfaktor nur von der Geometrie der Anlage abhängig ist, sind die äußeren Verluste direkt proportional zum Quadrat des Volumenstroms. Den ungefähren Verlauf kann man dem nächsten Bild entnehmen.

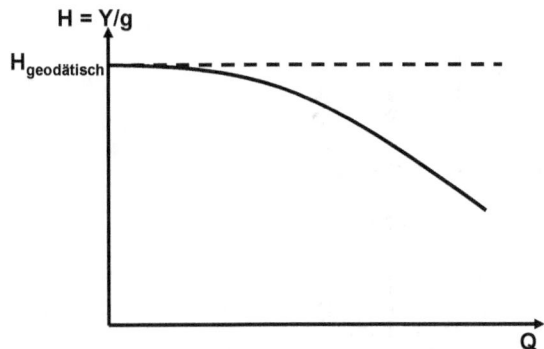

Die nutzbare spezifische Energiehöhe wird in der Turbine zwischen Eintritts- und Austrittsstutzen entzogen, was man mit der Bernoullischen Gleichung darstellen kann:

$$\frac{p_E}{\rho} + \frac{c_E^2}{2} + g \cdot z_E = \frac{p_A}{\rho} + \frac{c_A^2}{2} + g \cdot z_A + Y \qquad (12.6)$$

$$Y = \frac{p_E - p_A}{\rho} + \frac{c_E^2 - c_A^2}{2} + g \cdot (z_E - z_A) \qquad (12.7)$$

Die nutzbare spezifische Fallhöhe H und die spezifische Energie Y werden aber innerhalb der Turbine nicht vollständig in Nutzleistung an der Welle umgewandelt, sondern nur zu einem Teil. Der Rest geht in Verluste innerhalb der Turbine:

$$Y = Y_{Nutz} + Y_V = \frac{p_E - p_A}{\rho} + \frac{c_E^2 - c_A^2}{2} + g \cdot (z_E - z_A) \qquad (12.8)$$

13 Bilanzen und Teilwirkungsgrade

Wie bei den Pumpen müssen zwei grundsätzliche Verlustarten innerhalb der Turbine unterschieden werden:
- Volumetrische Verluste oder Leckageverluste
- Verluste an Fallhöhe durch Reibung

Volumetrische Verluste treten dadurch auf, dass vor dem Laufrad immer ein größerer Druck herrscht als nach dem Laufrad. Dies bedeutet, dass durch die Spalte zum Gehäuse ein Verlustvolumenstrom am Laufrad vorbeigeht, ohne dabei Arbeit zu leisten (Abdrosselung des Druckes). Im Gegensatz zur Pumpe ist der Gesamtvolumenstrom Q durch die Turbine daher größer als der Volumenstrom durch das Laufrad. Er wird aber nicht vollständig zur Arbeitsleistung genutzt.

$$Q_{La} = Q - \sum Q_{Leck} \qquad (13.1)$$

Kaplanturbine:

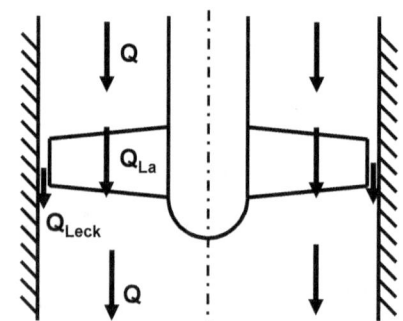

Francisturbine:

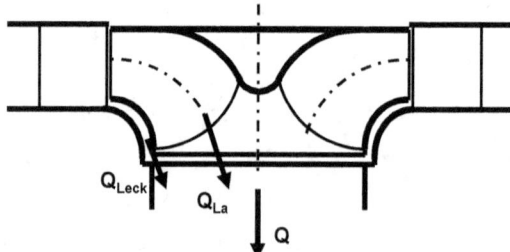

An der Turbine steht die nutzbare spezifische Fluidleistung an. Mit dem Massendurchsatz multipliziert ergibt sich die hydraulische Leistung, die der Turbine zur Arbeitsumsetzung zur Verfügung steht.

$$P_{hydr} = \rho \cdot Q \cdot Y \qquad (13.2)$$

J. Braun   Strömungsmaschinen   Teil I: Hydraulische Maschinen

Die Schaufelleistung ist die hydraulische Leistung abzüglich der hydraulischen Verluste im Laufrad und der Verluste durch die Spaltvolumenströme:

$$P_{Schaufel} = \rho \cdot Q_{La} \cdot Y_{th} = P_{hydr} - P_{v,hydr} - P_{v,Spalt} \qquad (13.3)$$

Von der Schaufelleistung geht dann noch die Leistung durch Radseitenreibung ab:

$$P = P_{Schaufel} - P_{v,Radseitenreibung} = P_{hydr} - P_{v,hydr} - P_{v,Spalt} - P_{v,Radseitenreibung} \qquad (13.4)$$

Diese Leistungsbilanz lässt sich bis zur Schaufelleistung wie bei den Pumpen in einem Y-ρQ-Diagramm als Flächen darstellen:

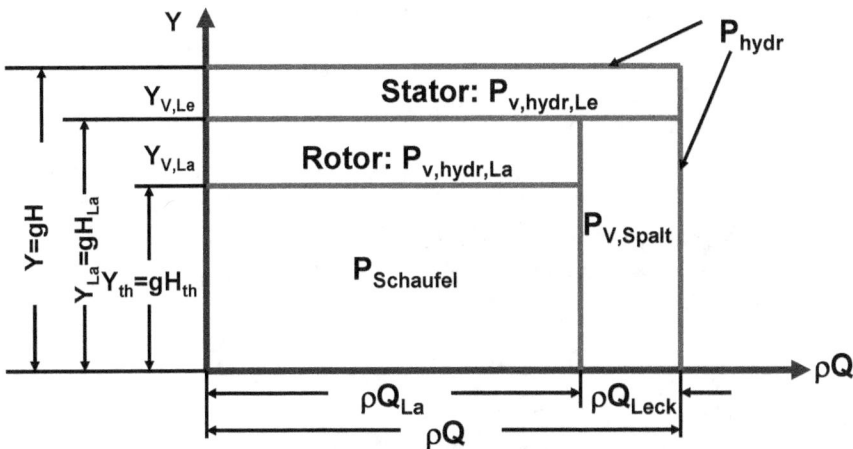

Der Gesamtwirkungsgrad der Turbine wird auf die am Stutzen anstehende hydraulische Leistung bezogen:

$$\eta = \frac{P}{P_{hydr}} = \frac{P}{\rho QY} \frac{P_{Schaufel}}{P_{Schaufel}} = \frac{P}{\rho QY} \frac{\rho Q_{La} Y_{th}}{P + P_{v,Radseitenreibung} + P_{v,mech}} \qquad (13.5)$$

$$\eta = \frac{Q_{La}}{Q} \frac{Y_{th}}{Y} \frac{1}{1 + \dfrac{P_{v,Radseitenreibung}}{P} + \dfrac{P_{v,mech}}{P}} \qquad (13.6)$$

$$\eta = \eta_{Vol} \eta_{hydr} \frac{1}{1 + \dfrac{P_{v,Radseitenreibung}}{P} + \dfrac{P_{v,mech}}{P}} \qquad (13.7)$$

Der Radseitenreibungswirkungsgrad ist definiert mit:

$$\eta_{Radseitenreibung} = \frac{P}{P + P_{v,Radseitenreibung}} \qquad (13.8)$$

$$\frac{P_{v,Radseitenreibung}}{P} = \frac{1}{\eta_{Radseitenreibung}} - 1 \qquad (13.9)$$

Außerdem gilt für den mechanischen Wirkungsgrad:

$$\eta_{mech} = \frac{P}{P + P_{v,mech}} \qquad (13.10)$$

$$\frac{P_{v,mech}}{P} = \frac{1}{\eta_{mech}} - 1 \qquad (13.11)$$

Insgesamt lautet die Formel für den Gesamtwirkungsgrad:

$$\eta = \eta_{Vol}\eta_{hydr} \frac{1}{\frac{1}{\eta_{Radseitenreibung}} + \frac{1}{\eta_{mech}} - 1} \qquad (13.12)$$

14 Ähnlichkeitsgesetze bei Wasserturbinen

Die Ähnlichkeitsgesetze bei Wasserturbinen basieren auf den gleichen Gesetzmäßigkeiten wie bei den Pumpen:

$$Q \cong n \cdot D^3 \qquad (14.1)$$

$$H \cong Y \cong n^2 \cdot D^2 \qquad (14.2)$$

$$P \cong n^3 \cdot D^5 \qquad (14.3)$$

Die Nummerierung der wichtigen Ein- und Austrittsebene erfolgt analog zu der bei den Pumpen. Es muss aber natürlich die umgekehrte Strömungsrichtung beachtet werden, hier dargestellt am Francislaufrad:

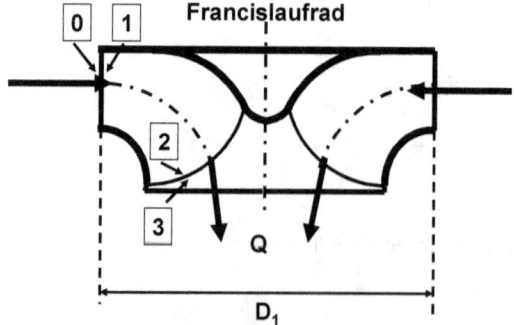

Die Durchflusszahl, die Druckzahl und die Leistungszahl sind dann wie bisher definiert, typische Länge ist der Außendurchmesser (hier D_1):

$$\varphi = \frac{Q}{\frac{\pi}{4} D_1^2 u_1} \qquad (14.4)$$

$$\psi = \frac{2Y}{u_1^2} \qquad (14.5)$$

$$\lambda = \frac{P}{\frac{\pi}{4} D_1^2 \frac{\rho}{2} u_1^3} \qquad (14.6)$$

Wie bei den Pumpen lässt sich die spezifische Drehzahl definieren:

$$n_q = n \frac{Q_{Opt}^{\frac{1}{2}}}{H_{Opt}^{\frac{3}{4}}} \qquad (14.7)$$

Dies ist wieder eine Zahlenwertgleichung, bei der der Volumenstrom in m³/s, die Fallhöhe in m und die Drehzahl in 1/min eingesetzt wird. Als dimensionslose Schnellläufigkeit wird sie wieder mit der spezifischen Leistung berechnet:

$$n_q^* = n \frac{Q_{Opt}^{\frac{1}{2}}}{Y_{Opt}^{\frac{3}{4}}} \qquad (14.8)$$

Für die Umrechnung gilt wieder:

$$n_q^* = \frac{\{n_q\}}{333} \qquad (14.9)$$

15 Strömungsmechanische Berechnung der Wasserturbinen

Grundsätzlich ist der Berechnungsgang ähnlich wie bei den Pumpen. Francisturbinen und Kaplanturbinen lassen sich mit den gleichen Gleichungen beschreiben. Lediglich die Peltonturbinen sind als Freistrahlturbinen prinzipiell verschieden und daher auch etwas anders zu berechnen.

Der Berechnungsgang wird am Beispiel der Francisturbine gezeigt, gilt aber auch für die Kaplanturbine.

In Wasserturbinen wird in einem vorgeschalteten Leitapparat zunächst die in Form des Vordruckes vorhandenen Fluidenergie in kinetische Energie umgewandelt, die Strömung also beschleunigt. Die kinetische Energie wird dabei vor allem in eine

Umfangskomponente in Bezug auf das rotierende Laufrad umgesetzt. Die Strömung bekommt also vom stehenden Vorleitapparat einen Vordrall. Aufgabe des Laufrades ist es nun, diesen Drall wieder vollständig aus der Strömung herauszunehmen, so dass die Energie, die wieder aus der Änderung von ($u\, c_u$) kommt, als mechanische Energie an der Welle abgeführt wird. Die Strömung verlässt das Laufrad also nahezu drallfrei mit niedrigem statischem Druck.

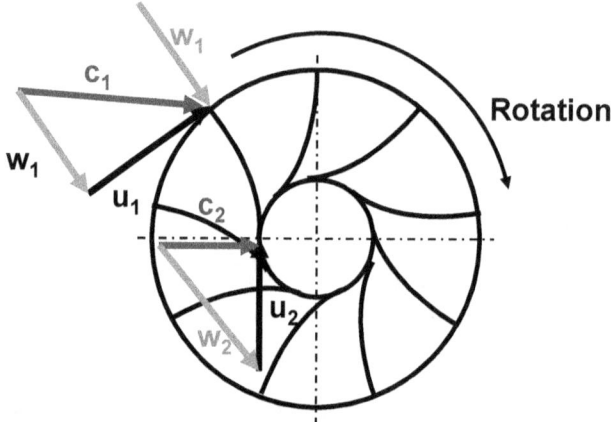

Der vorgeschaltete Leitapparat kann eine einfache Spirale sein, er kann aber auch aus Wirkungsgradgründen und vor allem wegen einer möglichst gleichmäßigen Verteilung der Strömung am Umfang des Laufrades mit Leitschaufeln ausgerüstet sein.

Wasserturbinen haben außerdem einen sehr breiten Betriebsbereich bezüglich des Volumenstromes. Daher wird der Vorleitapparat meistens sogar mit drehbaren Leitschaufeln ausgerüstet, damit bei kleinen und bei großen Volumenströmen der optimale Vordrall eingestellt werden kann.

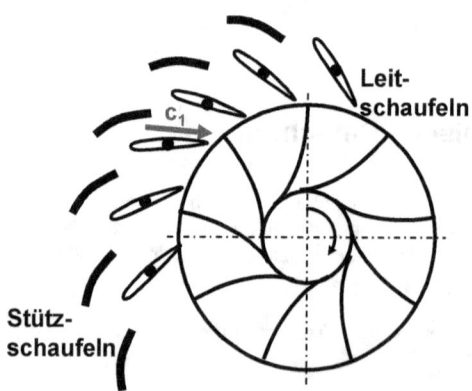

Stützschaufeln dienen der Festigkeit des Gehäuses bei hohem Druck vor dem Laufrad. Sie werden der Strömung nach orientiert, sind aber nicht drehbar. Die spezifische Schaufelleistung kann wieder aus der Änderung des Dralles bestimmt werden.

$$Y_{th} = \frac{P_{Schaufel}}{\rho Q_{La}} = \underset{0 \to 3}{\Delta} \left(\overline{u \cdot c_u} \right) \qquad (15.1)$$

Die Schaufelleistung ist aufgrund des Drehimpulserhaltungssatzes mit der Änderung der Umfangskomponente der Strömung verknüpft. Sie ist daher gleichzeitig die theoretische, mindestens notwendige Stutzenarbeit, die das Fluid zur Verfügung stellen muss. Auch bei Wasserturbinen wird das Laufrad zur Berechnung in Teilfluträder eingeteilt, um unterschiedlichen Strömungsverhältnissen an unterschiedlichen Radien Rechnung zu tragen.

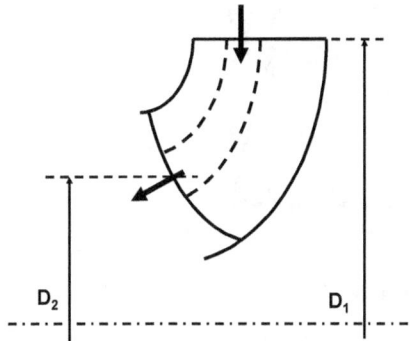

Die Strömungsmittelung bezieht sich wie bei den Pumpen auf die Meridianstromlinie des Teilflutrades. Aus Gründen der Übersichtlichkeit werden die Querstriche zur Darstellung der Mittelung jetzt wieder weggelassen und nur ein Teilflutrad betrachtet.

$$\underset{0 \to 3}{\Delta} \left(\overline{u \cdot c_u} \right) = u_1 c_{u,0} - u_2 c_{u,3} \qquad (15.2)$$

Der Vordrall lässt sich aus der Winkelstellung des Vorleitrades in Verbindung mit dem Massendurchsatz (Meridiankomponente) berechnen. Dies ist aus dem Geschwindigkeitsdreieck ersichtlich. Am Eintritt in das Laufrad gilt:

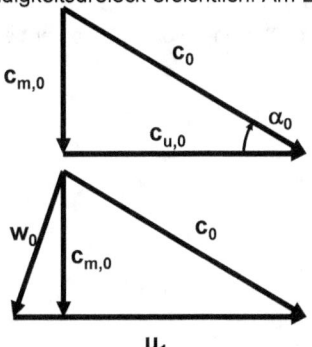

Es ist:

$$c_{u,0} = c_{m,0} \cot \alpha_0 \qquad (15.3)$$

Die Abströmung aus dem Laufrad sollte weitestgehend drallfrei erfolgen, damit die Verluste minimiert werden. Dies ist allerdings nur am Nennbetriebspunkt richtig, daher bleibt bei anderen Volumenströmen ein geringer Restdrall übrig. Am Austritt des Laufrades ist das Geschwindigkeitsdreieck der Francisturbine daher:

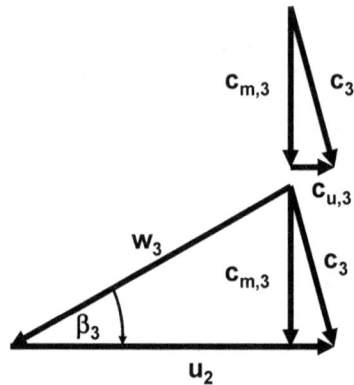

Die Umfangskomponente am Austritt ist:

$$c_{u,3} = u_2 - c_{m,3} \cot \beta_3 \qquad (15.4)$$

Im Gegensatz zu den Pumpen kann bei Wasserturbinen der Effekt der Minderumlenkung vernachlässigt werden, da die beiden Teilursachen (der Wegfall der Versperrung und die Überströmung an der Schaufelhinterkante wegen der Druckdifferenz zwischen Druck- und Saugseite) gegenläufige Wirkung haben und sich daher näherungsweise aufheben. In erster Näherung kann man demnach von einer schaufelkongruenten Abströmung ausgehen:

$$\beta_3 = \beta_{S2} \qquad (15.5)$$

Die theoretische Schaufelleistung ist deshalb näherungsweise gleich der bei unendlicher Schaufelzahl:

$$Y_{th} \approx Y_{th,\infty} = u_1 \cdot c_{m,0} \cot \alpha_0 - u_2 \left(u_2 - c_{m,3} \cot \beta_{S2}\right) \qquad (15.6)$$

Mit den dimensionslosen Größen Volumenzahl

$$\varphi = \frac{Q}{\frac{\pi}{4} D_1^2 u_1} \qquad (15.7)$$

Durchflusszahl (mit dem tatsächlichen Querschnitt berechnet)

$$\varphi_b = \frac{c_{m,0}}{u_1} = \frac{Q}{\pi b_1 D_1 u_1} \qquad (15.8)$$

$$\varphi_b = \frac{D_1}{4b_1}\varphi \qquad (15.9)$$

und Druckzahl

$$\psi = \frac{2Y}{u_1^2} \qquad (15.10)$$

erhält man:

$$\psi_{th,\infty} = 2\left[\varphi_b \cot\alpha_0 + \frac{u_2}{u_1}\frac{c_{m,3}}{u_1}\cot\beta_{S2} - \frac{u_2^2}{u_1^2}\right] \qquad (15.11)$$

Die Meridiankomponente am Austritt lässt sich aus dem Verhältnis der Durchtrittsflächen und der Meridiankomponente am Eintritt (dem Durchsatz) berechnen.

$$c_{m,3} = \frac{A_0}{A_3}c_{m,0} \qquad (15.12)$$

$$\frac{c_{m,3}}{u_1} = \varphi_b \frac{b_1}{b_2}\frac{D_1}{D_2} = \varphi_b \frac{b_1}{b_2}\frac{u_1}{u_2} \qquad (15.13)$$

Damit wird die Druckzahl

$$\psi_{th,\infty} = 2\left[\cot\alpha_0 + \frac{b_1}{b_2}\cot\beta_{S2}\right]\varphi_b - 2\frac{D_2^2}{D_1^2} \qquad (15.14)$$

Der erste Term ist die Winkelstellung des Vorleitrades. Alle anderen Terme, außer der Durchflusszahl sind abhängig von der Geometrie des Laufrades. Die theoretische, spezifische Schaufelleistung und die Druckzahl folgen daher einer Geradengleichung über der Durchflusszahl.

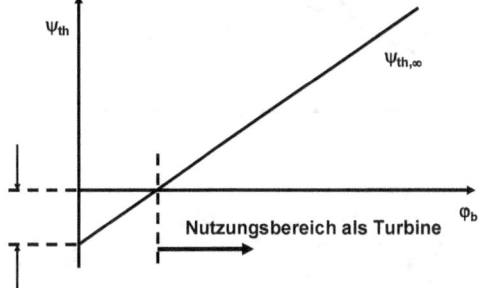

Diese Gleichung gilt bei vernachlässigter Minderumlenkung auch für das Laufrad mit endlicher Schaufelzahl. Bei Turbinen fällt der Effekt, wie bereits gesagt, ohnehin schwächer aus als bei Pumpen, denn
1. Turbinen besitzen eine höhere Schaufelzahl, diese geht also besser „gegen unendlich" als bei den Pumpen:
   Francisturbinen: 15 bis 20 Schaufeln
   Kreiselpumpe: 5 bis 8 Schaufeln
2. der Wegfall der Versperrung bei endlicher Schaufeldicke schwächt bei Turbinen den Effekt ab, bei Pumpen wird er verstärkt

Insgesamt ergibt sich:

$$\psi_{th} \approx \psi_{th,\infty} \qquad (15.15)$$

Neben der theoretischen Schaufelleistung muss das Fluid noch die Verluste im Laufrad zusätzlich aufbringen. Wie bei den Pumpen gibt es Strömungsverluste, die proportional zum Quadrat des Volumenstroms sind und Verluste, die proportional zur Abweichung des Volumenstromes vom Nennpunkt (zum Quadrat) sind.

Verluste, die durch die Reibung verursacht werden (Durchfluss-Reynoldszahl)

$$\psi_{v,1} \cong \varphi_b^2 \qquad (15.16)$$

Verluste durch Fehlanströmung der Schaufel und durch den **Restdrall** am Austritt:

$$\psi_{v,2} \cong (\varphi - \varphi_b)^2 \qquad (15.17)$$

Der Restdrall wird auch im Diffusor nicht mehr zurückgewonnen und vollständig verwirbelt. Die Verluste werden zur theoretischen Kennlinie, die eine Gerade ist, addiert und die Kennlinie einer Turbine ist daher eine nach oben geöffnete Parabel.

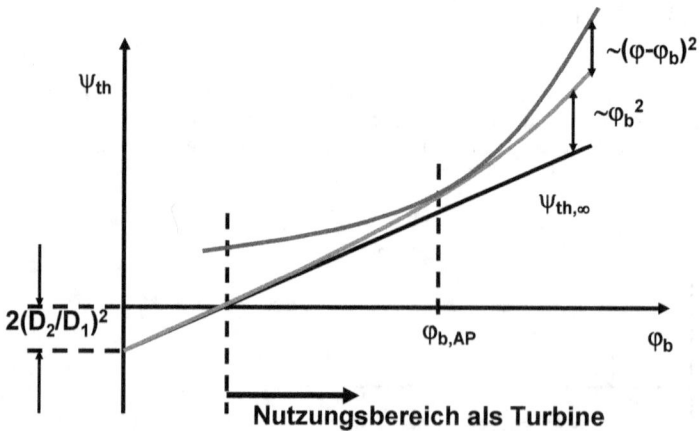

Volumetrische Verluste werden wie bei der Kreiselpumpe horizontal abgetragen. Durch das Laufrad geht also bei gleicher nutzbarer Fallhöhe ein geringerer Volumenstrom, so dass weniger Leistung an die Welle übertragen wird. Dies wurde in obigem Diagramm der Übersichtlichkeit wegen nicht durchgeführt.

15.1 Verluste durch Fehlanströmung am Eintritt

Durch eine Fehlanströmung am Eintritt muss der Strömung im Relativsystem schlagartig eine zusätzliche Umfangskomponente aufgeprägt werden. Aus dieser Änderung der Umfangskomponente lässt sich der Stoßverlust näherungsweise berechnen.

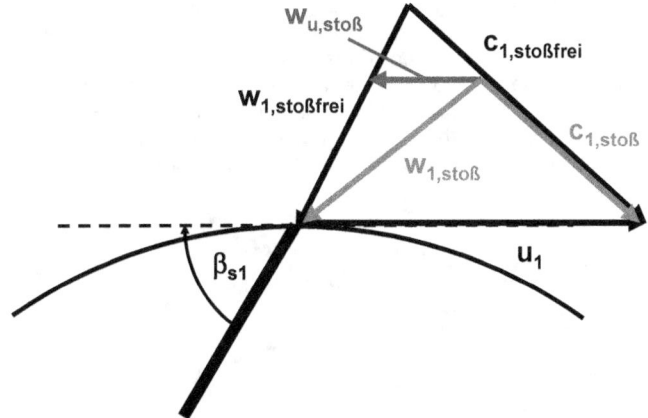

Der Stoßverlust durch die plötzliche Änderung der Umfangskomponente im Laufrad ist:

$$Y_{v,sto\beta} = \zeta_{Sto\beta} \frac{w_{u,sto\beta}^2}{2} \qquad (15.18)$$

Wegen der geometrischen Verhältnisse im Geschwindigkeitsdreieck gilt:

$$\frac{w_{u,sto\beta}}{u_1} = 1 - \frac{c_{0,m}}{c_{0,m,sto\beta frei}} \qquad (15.19)$$

Dementsprechend gilt für die Druckzahl, wie man hieraus leicht zeigen kann:

$$\psi_{v,sto\beta} = \zeta_{Sto\beta} \left(1 - \frac{\varphi_b}{\varphi_{b,sto\beta frei}}\right)^2 \qquad (15.20)$$

Der Stoßverlustbeiwert hängt vor allem von folgenden Faktoren ab:
- Form der Beschaufelung
- Beginn der Beschaufelung
- Winkelverlauf
- Schaufeldicke

Die Dimensionierungsvorschrift für den Schaufeleintrittswinkel lautet daher:

$$\beta_{s,1} \approx \beta_0 = \arctan\left(\frac{\varphi_{b,AP}}{1 - \cot\alpha_0 \varphi_{b,AP}}\right) \quad (15.21)$$

15.2 Verluste durch den Austrittsdrall

Um den Restdrall am Austritt abseits des Auslegungspunktes noch zu nutzen, wären bei Francisturbinen bewegliche, flexible Schaufeln nach dem Laufrad nötig, die sich dem jeweiligen Strömungswinkel anpassen können (in beide Richtungen). Dies wäre konstruktiv ein zu hoher Aufwand und wird daher nicht ausgeführt. In der Realität akzeptiert man den Restdrall als Verlust und berechnet ihn ähnlich wie den Stoßverlust am Eintritt. Bai Kaplanturbinen sind die Laufradschaufeln dagegen drehbar gelagert, so dass der drallfreie Austritt bei jedem Volumenstrom erreicht werden kann.

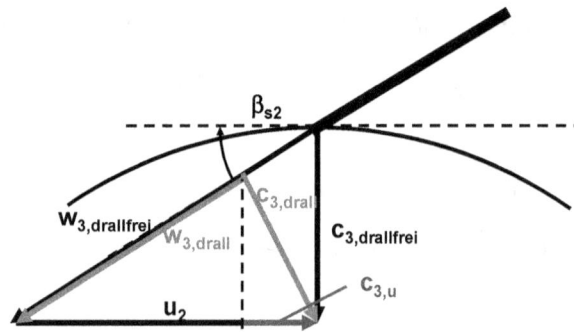

$$Y_{v,drall} = \zeta_{drall} \frac{c_{3,u}^2}{2} \quad (15.22)$$

Der Verlustbeiwert des Austrittsdralles liegt nahe bei 1, ca. 0,9 ... 1,0. Wegen der geometrischen Verhältnisse im Geschwindigkeitsdreieck gilt:

$$\frac{c_{3,u}}{u_2} = 1 - \frac{c_{3,m}}{c_{3,m,drallfrei}} \quad (15.23)$$

Dementsprechend gilt für die Druckzahl, wie man hieraus leicht zeigen kann:

$$\psi_{v,drall} = \zeta_{drall} \left(\frac{D_2}{D_1}\right)^2 \left(1 - \frac{\varphi_b}{\varphi_{b,drallfrei}}\right)^2 \quad (15.24)$$

Ebenso lässt sich für den Austritt eine Dimensionierungsvorschrift für den Schaufelaustrittswinkel bestimmen:

$$\beta_{s,2} \approx \beta_3 = \arctan\left(\frac{b_1}{b_2}\left(\frac{D_1}{D_2}\right)^2 \varphi_{b,AP}\right) \qquad (15.25)$$

Die Schaufelwinkel am Eintritt und am Austritt aus dem Laufrad sind damit bekannt. Die Tangentenlinien werden dann durch einen glatten Verlauf in jedem Teilflutrad miteinander verbunden und die Schaufelkontur erzeugt. Selbstverständlich werden heute auch CFD-Verfahren angewendet (computer aided fluid dynamics).

15.3 Schaufelleistung und Leistungsziffer

Die Schaufelleistung ist proportional zum Laufradvolumenstrom und der theoretischen spezifischen Arbeit:

$$P_{Schaufel} = \rho Q_{La} Y_{th} \qquad (15.26)$$

$$\lambda_{Schaufel} = \frac{\rho Q_{La} Y_{th}}{\frac{\pi}{4} D_1^2 \frac{\rho}{2} u_1^3} = \varphi_{La} \psi_{th} = 4 \frac{b_1}{D_1} \varphi_b \psi_{th} \qquad (15.27)$$

Die spezifische Leistung ist eine lineare Funktion:

$$\psi_{th} = a\varphi_b - b \qquad (15.28)$$

Damit ergibt sich für die Leistungsziffer ein Parabelverlauf:

$$\lambda_{Schaufel} = A\varphi_b^2 - B\varphi_b \qquad (15.29)$$

Das Minimum dieser Parabel liegt im negativen Bereich. Der gesamte negative Bereich ist der Arbeitsbereich, in dem die Turbine keine Leistung abgibt, sondern sogar noch Leistung aufnimmt, d.h. in diesem Betriebsbereich muss sie (bei vorgegebener Drehzahl) noch zusätzlich zur Fluidenergie angetrieben werden.

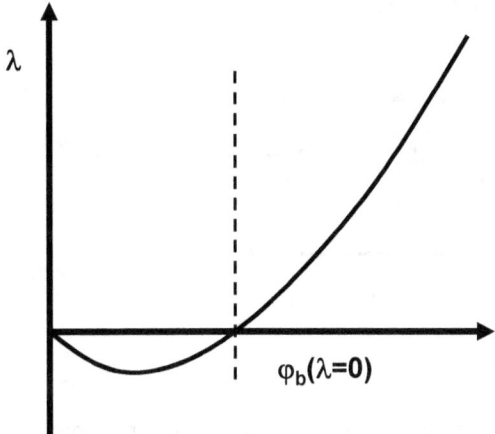

Es ist daher prinzipbedingt erforderlich, dass Wasserturbinen unterhalb eines Grenzvolumenstroms abgestellt werden, weil sie sonst über den Generator Strom aus dem Netz beziehen würden, anstatt einzuspeisen. Die Situation wird sogar noch durch interne Verluste verstärkt. Von der Schaufelleistung wird nur ein Teil nach außen abgegeben. Zusätzlich müssen noch die im Wesentlichen vom Durchfluss unabhängigen Verluste durch Radseitenreibung und mechanische Reibung abgezogen werden. Dies schmälert den nutzbaren Leistungsbereich weiter, wie das folgende Bild zeigt:

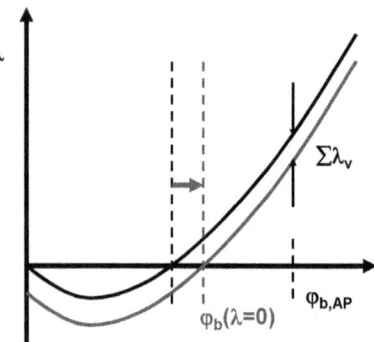

Der Mindestvolumenstrom liegt etwa bei der Hälfte des Nennvolumenstroms, so dass bei Flusskraftwerken sehr häufig die Sachlage von Außenstehenden falsch eingeschätzt wird: Die Turbinen würden vom Betreiber abgestellt, obwohl der Fluss erkennbar „genügend Wasser" führt, um „billigen" Atomstrom oder Kohlestrom zu verkaufen. Dies ist natürlich unsinnig, denn Wasserturbinen (wenn sie erst errichtet sind) nutzen kostenlose Primärenergie, ein bewusstes Abschalten wäre also wirtschaftlicher Unfug. Außerdem beruht das Abschalten auf dem Funktionsprinzip und ist nicht technische Unzulänglichkeit.

Die Wirkungsgradkurve hat ihre Nullstelle am Beginn des Nutzungsbereiches als Turbine und daher etwa folgende Form:

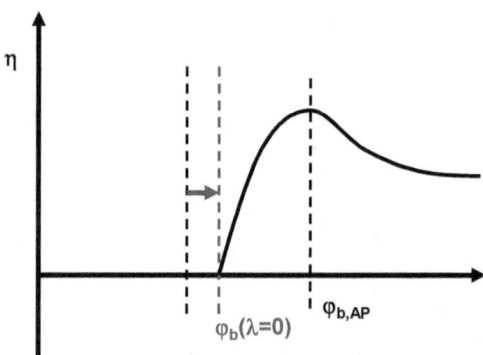

Auch die Druckzahlkurve ist nur im eingeschränkten Betriebsbereich nutzbar.

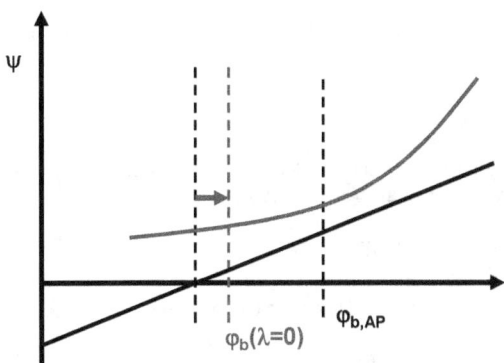

16 Besonderheiten bei Axialturbinen

Bei Axialturbinen (Kaplanturbinen) liegen die Stromlinien auf einem Zylinderschnitt. Folglich bleiben die Meridiangeschwindigkeit und die Umlaufgeschwindigkeit gleich:

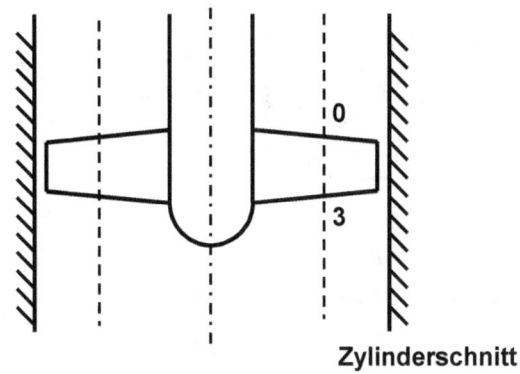

Zylinderschnitt

$$c_{m,0} = c_{m,3} = c_m \qquad (16.1)$$

$$u_1 = u_2 = u \qquad (16.2)$$

Daher kann man die Geschwindigkeitsdreiecke am Eintritt und am Austritt in ein Diagramm eintragen:

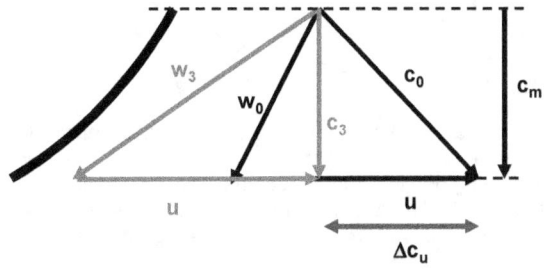

Wie beim Francislaufrad ist eine drallfreie Abströmung anzustreben. Dann ist die spezifische Arbeit des Laufrades:

$$Y_{th} = \Delta(u \cdot c_u) = u \cdot \Delta c_u \qquad (16.3)$$

Bei drallfreier Abströmung ist die spezifische Arbeit nur von der Umfangskomponente und dem durch das Leitrad erzeugten Vordrall abhängig:

$$Y_{th} = u \cdot c_{u,0} \qquad (16.4)$$

Im Laufrad wird dieselbe Änderung der Umfangskomponente erzeugt:

$$\Delta c_u = \Delta w_u \qquad (16.5)$$

Dadurch muss die Umlenkung im Laufrad und im Leitrad identisch sein. Das Leitrad (wenn es im gleichen Ringquerschnitt wie das Laufrad angeordnet ist) weist daher eine ähnliche Sehnenform wie das Laufrad auf.

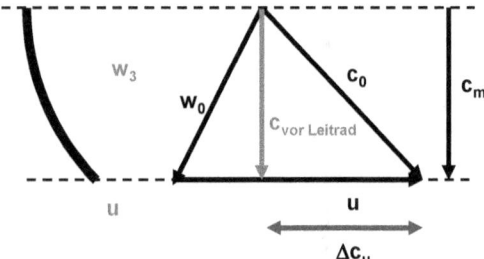

Insgesamt ergibt sich dann das folgende Bild für Leit- und Laufrad:

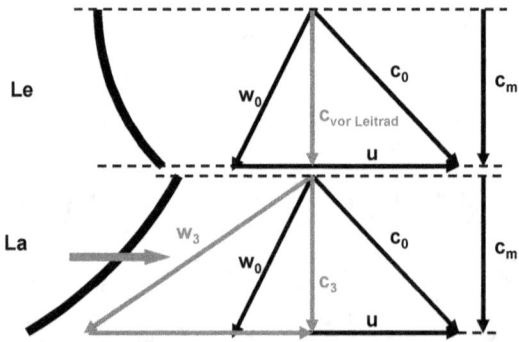

Um den Volumenstrom anzupassen, kann das Leitrad wieder gedreht werden. Nachdem im Leit- und Laufrad aber die gleiche Umlenkung erfolgt, muss für eine weiterhin stoßfreie Abströmung des Laufrades auch das Laufrad drehbar sein. Bei Kaplanturbinen ist im Inneren der Nabe auch ein Verstellmechanismus angebracht, der den Läufer allerdings erheblich verteuert. Für einen geringeren Volumenstrom, z.B. bei Laufwasserkraftwerken im Sommer sähe die Verstellung etwa folgendermaßen aus („Zudrehen"):

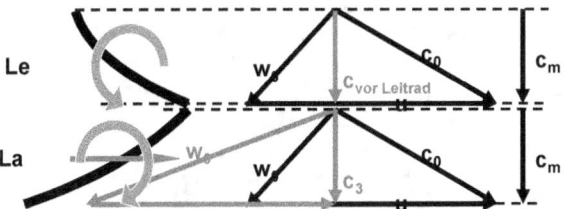

Ohne die gleichzeitige Verstellung von Leit- und Laufrad würde der Wirkungsgrad einer Kaplanturbine zu beiden Seiten des Auslegungspunktes schnell abfallen und die Turbine wäre nur in einem engen Volumenstrombereich einsetzbar. Dies ist bei Rohrturbinen gegeben, bei denen meist nur das Leitrad verstellbar ist, bei kleinen Maschinen nicht mal dieses.

17 Besonderheiten der Peltonturbine

Eine Peltonturbine ist als Freistrahlturbine eine Maschine mit anderem Wirkprinzip. Es wird aus einer großen Fallhöhe in einer Düse ein Strahl hoher Geschwindigkeit erzeugt, der in die freie Atmosphäre austritt. Dieser Strahl trifft auf das ebenfalls in Luft rotierende Laufrad und wird in speziell geformten Laufschaufeln um nahezu 180° umgelenkt. Bei günstigem Verhältnis von Strahlgeschwindigkeit zur Umlaufgeschwindigkeit der Laufschaufeln gibt der Strahl seinen Impuls an das Rad fast vollständig ab (Impulskraft). Die Kraft mal der Umlaufgeschwindigkeit u des Rades ist gleich der abgegebenen Leistung.

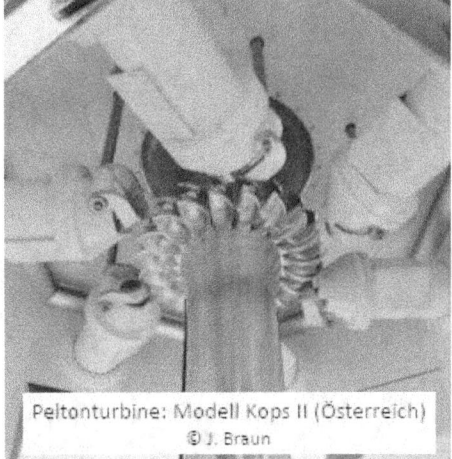

Peltonturbine: Modell Kops II (Österreich)
© J. Braun

Eine Peltonturbine funktioniert aber nicht wie ein Mühlrad, denn dieses würde seine Arbeitsleistung aus der Schwerkraft der mit Wasser gefüllten Seite nehmen, nicht aus dem Impuls des Wassers. Die Peltonturbine ist eine echte Strömungsmaschine.

Die Düse einer Peltonturbine besitzt zur Querschnittsregulierung eine Düsennadel. Für schnelle Laständerungen und um den Wasserschlag (hartes Abbremsen der gesamten im Rohrsystem oberhalb der Düse befindlichen Wassermasse) zu vermeiden, wird außerdem ein Strahlablenker eingesetzt, der den Strahl vom Laufrad weglenken kann. Zur Abfuhr des abgebremsten Wasserstrahls muss zwischen Laufrad und Unterwasser noch ein Freihang berücksichtigt werden, der die verfügbare Fallhöhe reduziert. Der Freihang ist der Abstand der Düsenaustrittsebene zum Unterwasserspiegel.

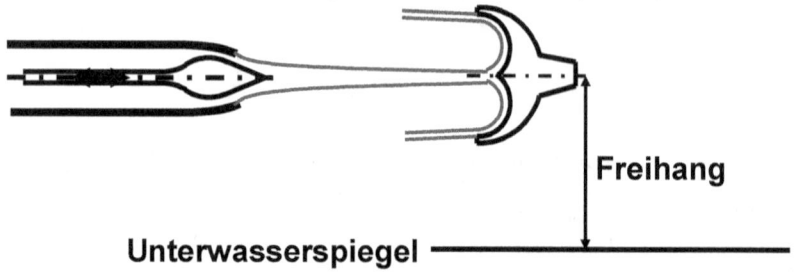

Düse und Strahlablenker (Prinzip):

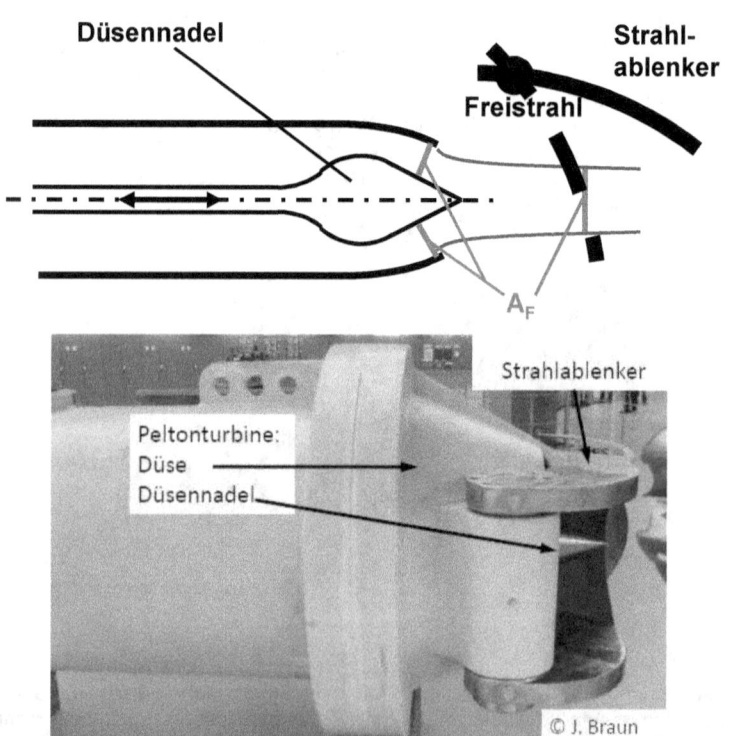

Wird die Düsennadel vorgeschoben, wird der freie Querschnitt kleiner und damit auch der Volumenstrom durch die Düse herabgesetzt.

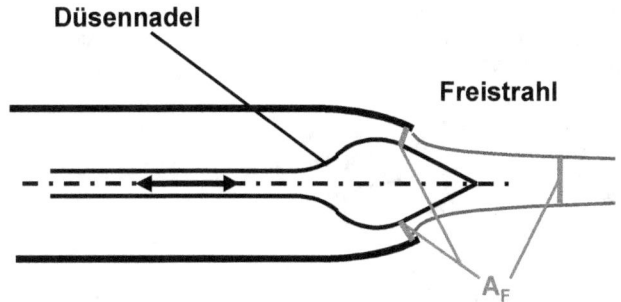

Die Strahlaustrittsgeschwindigkeit bleibt dabei annähernd konstant, wie die Bernoullische Gleichung vom Oberwasser (I) zum Düsenaustritt (0) zeigt:

$$p_I + \frac{\rho}{2}c_I^2 + \rho g z_I = p_0 + \frac{\rho}{2}c_0^2 + \rho g z_0 + \rho Y_V \underset{I \to 0}{} \quad (17.1)$$

Bezeichnet man mit $h_{geo} - h_F$ die Höhendifferenz zwischen Oberwasser und Unterwasser abzüglich des Freihanges, erhält man

$$c_0^2 = c_I^2 + \frac{2\left(p_I - p_0 - \rho Y_V \underset{I\to 0}{}\right)}{\rho} + 2g(z_I - z_0) = c_I^2 + \frac{2\left(p_I - p_0 - \rho Y_V \underset{I\to 0}{}\right)}{\rho} + 2g(h_{geo} - h_F) \quad (17.2)$$

Die Verluste lassen sich mit einem äquivalenten Verlustbeiwert relativ zur Eintritts-Geschwindigkeit im Fallrohr (E) darstellen und damit auch in Funktion der Strahlaustrittsgeschwindigkeit:

$$Y_V \underset{I\to 0}{} = \varsigma_{\ddot{a}quiv} \frac{c_E^2}{2} = \varsigma_{\ddot{a}quiv} \left(\frac{A_0}{A_E}\right)^2 \frac{c_0^2}{2} \quad (17.3)$$

Unter Vernachlässigung der geringen Luftdruckdifferenz zwischen Ober- und Unterwasser und bei ruhendem Oberwasser erhält man schließlich:

$$c_0 = \sqrt{\frac{2g(h_{geo} - h_F)}{1 + \varsigma_{\ddot{a}quiv}\left(\frac{A_0}{A_E}\right)^2}} \quad (17.4)$$

Diese Geschwindigkeit ist nur geringfügig vom Düsenquerschnitt abhängig und kann als annähernd konstant angesehen werden.

$$c_0 \approx const \quad (17.5)$$

Die Schaufeln sind geometrisch und fertigungstechnisch recht komplex aufgebaut, müssen sich aber aufgrund der konstanten Strahlgeschwindigkeiten bei Teillast nicht anderen Geschwindigkeitsverhältnissen anpassen.

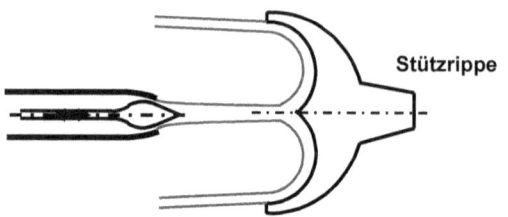

Schnitt durch eine Schaufel

Umlaufgeschwindigkeit u, Absolutgeschwindigkeit c und Relativgeschwindigkeit w sind am Eintritt in die Schaufel (1) parallel zueinander, am Austritt (2) fast parallel, so dass die Geschwindigkeitsdreiecke sehr einfach sind:

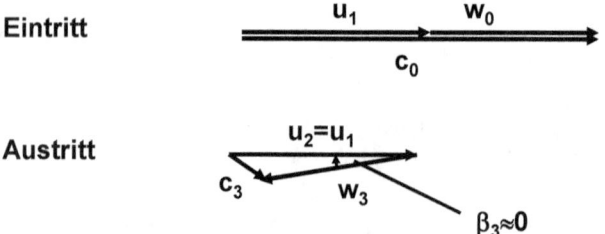

In der Schaufel wird der Strahl bei konstantem Druck nur um annähernd 180° umgelenkt, so dass der Betrag der Relativgeschwindigkeit nahezu gleich bleibt.

$$|w_3| \approx |w_0| \qquad (17.6)$$

Ideal ist außerdem, wenn die kinetische Energie am Austritt (Absolutgeschwindigkeit c) sehr klein wird, weil dann der Strahl seine Energie bestmöglich auf das Laufrad übertragt. Aus energetischen Gründen sollte daher das Ziel sein, dass die Strahlenergie am Austritt möglichst klein ist:

$$c_3 \approx 0 \qquad (17.7)$$

Die übertragene spezifische Arbeit kommt wieder aus der Änderung der Umfangskomponente der Absolutströmung, die in diesem Falle gleich der Geschwindigkeit selbst ist:

$$Y_{th} = \Delta(u \cdot c_u) = u(c_0 - c_3) \qquad (17.8)$$

Wegen der Parallelität der Geschwindigkeiten gilt außerdem

$$Y_{th} = u \cdot 2|w_0| = u \cdot 2(c_0 - u) \qquad (17.9)$$

Die optimale Umfangsgeschwindigkeit zur gegebenen Strahlgeschwindigkeit erhält man durch Ableitung dieser Gleichung:

$$\frac{\partial Y_{th}}{\partial u} = 2c_0 - 4u = 0 \qquad (17.10)$$

und hieraus:

$$u_{Opt} = \frac{c_0}{2} \qquad (17.11)$$

In diesem Falle ist auch die Relativgeschwindigkeit gleich halber Strahlgeschwindigkeit und die Absolutgeschwindigkeit am Austritt ist tatsächlich Null.

$$|w_0| = |w_3| = \frac{c_0}{2} \qquad (17.12)$$

$$c_3 = 0 \qquad (17.13)$$

Bei gegebener Fallhöhe ist somit immer nur eine feste Drehzahl notwendig, um optimale Bedingungen zu erzielen. Wegen der konstanten Strahlgeschwindigkeit bei der Durchflussveränderung ist der Wirkungsgrad einer Peltonturbine in weiten Leistungsbereichen fast konstant und die Kennlinien sind sehr einfach. Dieser Maschinentyp hat das beste Teillastverhalten aller Turbinentypen, seine Funktion setzt allerdings große Fallhöhen voraus. Im Absolutniveau des Wirkungsgrades liegen die Peltonturbinen in vergleichbarer Höhe mit den Maximalwerten anderen Turbinentypen, also bei etwa 95% und mehr. Im Auslegungspunkt sind sie zwar meistens geringfügig schlechter, dafür aber abseits des AP konstanter im Verhalten.

Peltonturbinen weisen auch keine Kavitationserscheinungen auf, haben aber dafür mit Erosion durch Sand und Schwebeteilchen zu kämpfen. Die hoch belasteten Schaufeln (auch Becher oder Löffel genannt) und Düsenteile werden deshalb austauschbar gestaltet oder können repariert werden.

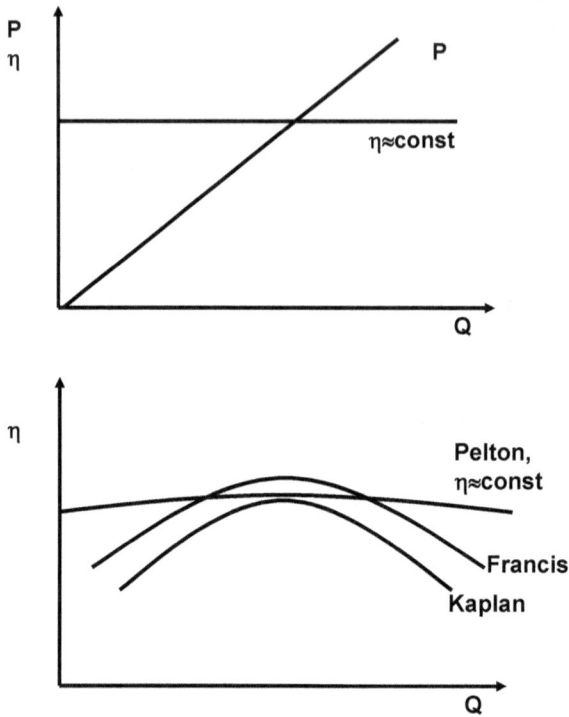

Weiterführende Literatur (nur eine Auswahl)

Historisch interessant und echte Klassiker der Technik:

C. Pfleiderer, H. Petermann: Strömungsmaschinen, 7. Auflage, Springer-Verlag Berlin, Heidelberg, New York, 2005

H. Petermann: Einführung in die Strömungsmaschinen, 3. Auflage, Springer-Verlag, Heidelberg, New York, Tokyo 1988

Aktuelle Lehrbücher:

H. Sigloch: Strömungsmaschinen, 5. Auflage, Hanser-Verlag, 2013

K. Menny: Strömungsmaschinen, 5. Auflage, Springer-Vieweg-Verlag, 2006

W. Bohl: Strömungsmaschinen 1, Kamprath-Reihe, 11. Auflage, Vogel-Verlag, 2013

W. Bohl: Strömungsmaschinen 2, Kamprath-Reihe, 8. Auflage, Vogel-Verlag, 2013

www.ingramcontent.com/pod-product-compliance
Lightning Source LLC
Chambersburg PA
CBHW050108230526
45470CB00004B/1734